U0336832

总主编 伍江 副总主编 雷星晖

王彦博 李国强 著

Q460高强钢焊接截面柱极限承载力试验与理论研究

Experimental and Theoretical Study on the Ultimate Strength of Welded Q460 High Strength Steel Columns

同济大学出版社
TONGJI UNIVERSITY PRESS

内 容 提 要

本书主要对 Q460 高强钢焊接箱形截面与 H 形截面柱的极限承载力进行了试验和理论研究,提出了适合 Q460 高强钢轴压柱的设计方法。分别采用分割法和盲孔法测试了 Q460 高强钢焊接箱形截面与焊接焰割边 H 形截面的残余应力大小与分布情况,基于试验结果提出了简化的残余应力分布模型。然后对 Q460 高强钢焊接箱形柱和焊接 H 形柱轴压试验进行了研究,并将试验得到的焊接箱形柱和焊接 H 形柱的极限承载力分别与现有规范预测值进行了初步对比,并给出了相应的参数分析与设计建议。最后讨论了高强钢在结构中的应用及研究方向。

本书适用于土木工程、钢结构等相关专业和领域的读者。

图书在版编目(CIP)数据

Q460 高强钢焊接截面柱极限承载力试验与理论研究 /
王彦博,李国强著. —上海:同济大学出版社,2017.8
(同济博士论丛 / 伍江总主编)
ISBN 978 - 7 - 5608 - 6971 - 1

Ⅰ. ①Q… Ⅱ. ①王… ②李… Ⅲ. ①高强度钢—焊接—断面—承载力—试验—研究 Ⅳ. ①TG457.11 - 33

中国版本图书馆 CIP 数据核字(2017)第 090957 号

Q460 高强钢焊接截面柱极限承载力试验与理论研究

李国强　审　王彦博　著

出 品 人　华春荣　　责任编辑　李 杰　熊磊丽
责任校对　徐春莲　　封面设计　陈益平

出版发行　同济大学出版社　　www. tongjipress. com. cn
　　　　　(地址:上海市四平路 1239 号　邮编:200092　电话:021 - 65985622)
经　　销　全国各地新华书店、建筑书店、网络书店
排版制作　南京展望文化发展有限公司
印　　刷　浙江广育爱多印务有限公司
开　　本　787 mm×1092 mm　1/16
印　　张　12
字　　数　240 000
版　　次　2017 年 8 月第 1 版　　2017 年 8 月第 1 次印刷
书　　号　ISBN 978 - 7 - 5608 - 6971 - 1

定　　价　58.00 元

"同济博士论丛"编写领导小组

组　　　长：杨贤金　钟志华

副 组 长：伍　江　江　波

成　　　员：方守恩　蔡达峰　马锦明　姜富明　吴志强
　　　　　　徐建平　吕培明　顾祥林　雷星晖

办公室成员：李　兰　华春荣　段存广　姚建中

"同济博士论丛"编辑委员会

袁万城　莫天伟　夏四清　顾　明　顾祥林　钱梦騄
徐　政　徐　鉴　徐立鸿　徐亚伟　凌建明　高乃云
郭忠印　唐子来　闾耀保　黄一如　黄宏伟　黄茂松
戚正武　彭正龙　葛耀君　董德存　蒋昌俊　韩传峰
童小华　曾国荪　楼梦麟　路秉杰　蔡永洁　蔡克峰
薛　雷　霍佳震

秘书组成员：谢永生　赵泽毓　熊磊丽　胡晗欣　卢元姗　蒋卓文

总 序

在同济大学110周年华诞之际，喜闻"同济博士论丛"将正式出版发行，倍感欣慰。记得在100周年校庆时，我曾以《百年同济，大学对社会的承诺》为题作了演讲，如今看到付梓的"同济博士论丛"，我想这就是大学对社会承诺的一种体现。这110部学术著作不仅包含了同济大学近10年100多位优秀博士研究生的学术科研成果，也展现了同济大学围绕国家战略开展学科建设、发展自我特色，向建设世界一流大学的目标迈出的坚实步伐。

坐落于东海之滨的同济大学，历经110年历史风云，承古续今、汇聚东西，秉持"与祖国同行、以科教济世"的理念，发扬自强不息、追求卓越的精神，在复兴中华的征程中同舟共济、砥砺前行，谱写了一幅幅辉煌壮美的篇章。创校至今，同济大学培养了数十万工作在祖国各条战线上的人才，包括人们常提到的贝时璋、李国豪、裘法祖、吴孟超等一批著名教授。正是这些专家学者培养了一代又一代的博士研究生，薪火相传，将同济大学的科学研究和学科建设一步步推向高峰。

大学有其社会责任，她的社会责任就是融入国家的创新体系之中，成为国家创新战略的实践者。党的十八大以来，以习近平同志为核心的党中央高度重视科技创新，对实施创新驱动发展战略作出一系列重大决策部署。党的十八届五中全会把创新发展作为五大发展理念之首，强调创新是引领发展的第一动力，要求充分发挥科技创新在全面创新中的引领作用。要把创新驱动发展作为国家的优先战略，以科技创新为核心带动全面创新，以体制机制改革激发创新活力,以高效率的创新体系支撑高水平的创新型国家建设。作为人才培养和科技创新的重要平台,大学是国家创新体系的重要组成部分。同济大学理当围绕国家战略目标的实现,作出更大的贡献。

大学的根本任务是培养人才,同济大学走出了一条特色鲜明的道路。无论是本科教育、研究生教育,还是这些年摸索总结出的导师制、人才培养特区,"卓越人才培养"的做法取得了很好的成绩。聚焦创新驱动转型发展战略,同济大学推进科研管理体系改革和重大科研基地平台建设。以贯穿人才培养全过程的一流创新创业教育助力创新驱动发展战略,实现创新创业教育的全覆盖,培养具有一流创新力、组织力和行动力的卓越人才。"同济博士论丛"的出版不仅是对同济大学人才培养成果的集中展示,更将进一步推动同济大学围绕国家战略开展学科建设、发展自我特色、明确大学定位、培养创新人才。

面对新形势、新任务、新挑战,我们必须增强忧患意识,扎根中国大地,朝着建设世界一流大学的目标,深化改革,勠力前行!

万　钢

2017 年 5 月

论丛前言

　　承古续今,汇聚东西,百年同济秉持"与祖国同行、以科教济世"的理念,注重人才培养、科学研究、社会服务、文化传承创新和国际合作交流,自强不息,追求卓越。特别是近20年来,同济大学坚持把论文写在祖国的大地上,各学科都培养了一大批博士优秀人才,发表了数以千计的学术研究论文。这些论文不但反映了同济大学培养人才能力和学术研究的水平,而且也促进了学科的发展和国家的建设。多年来,我一直希望能有机会将我们同济大学的优秀博士论文集中整理,分类出版,让更多的读者获得分享。值此同济大学110周年校庆之际,在学校的支持下,"同济博士论丛"得以顺利出版。

　　"同济博士论丛"的出版组织工作启动于2016年9月,计划在同济大学110周年校庆之际出版110部同济大学的优秀博士论文。我们在数千篇博士论文中,聚焦于2005—2016年十多年间的优秀博士学位论文430余篇,经各院系征询,导师和博士积极响应并同意,遴选出近170篇,涵盖了同济的大部分学科:土木工程、城乡规划学(含建筑、风景园林)、海洋科学、交通运输工程、车辆工程、环境科学与工程、数学、材料工程、测绘科学与工程、机械工程、计算机科学与技术、医学、工程管理、哲学等。作为"同济博士论丛"出版工程的开端,在校庆之际首批集中出版110余部,其余也将陆续出版。

　　博士学位论文是反映博士研究生培养质量的重要方面。同济大学一直将立德树人作为根本任务,把培养高素质人才摆在首位,认真探索全面提高博士研究生质量的有效途径和机制。因此,"同济博士论丛"的出版集中展示同济大学博士研究生培养与科研成果,体现对同济大学学术文化的传承。

"同济博士论丛"作为重要的科研文献资源,系统、全面、具体地反映了同济大学各学科专业前沿领域的科研成果和发展状况。它的出版是扩大传播同济科研成果和学术影响力的重要途径。博士论文的研究对象中不少是"国家自然科学基金"等科研基金资助的项目,具有明确的创新性和学术性,具有极高的学术价值,对我国的经济、文化、社会发展具有一定的理论和实践指导意义。

"同济博士论丛"的出版,将会调动同济广大科研人员的积极性,促进多学科学术交流、加速人才的发掘和人才的成长,有助于提高同济在国内外的竞争力,为实现同济大学扎根中国大地,建设世界一流大学的目标愿景做好基础性工作。

虽然同济已经发展成为一所特色鲜明、具有国际影响力的综合性、研究型大学,但与世界一流大学之间仍然存在着一定差距。"同济博士论丛"所反映的学术水平需要不断提高,同时在很短的时间内编辑出版110余部著作,必然存在一些不足之处,恳请广大学者,特别是有关专家提出批评,为提高同济人才培养质量和同济的学科建设提供宝贵意见。

最后感谢研究生院、出版社以及各院系的协作与支持。希望"同济博士论丛"能持续出版,并借助新媒体以电子书、知识库等多种方式呈现,以期成为展现同济学术成果、服务社会的一个可持续的出版品牌。为继续扎根中国大地,培育卓越英才,建设世界一流大学服务。

伍 江

2017 年 5 月

前　言

　　高强钢具有比一般钢材更高的屈服强度、抗拉强度,因此在相同的受力条件下使用高强钢构件往往可以采用比普通钢构件更小的截面尺寸。高强钢构件的使用不仅能减少结构空间的占用,同时还能减少运输、焊接等工作量,并可缩短工期,从而带来可观的经济效益。高强度钢材的推广使用能减少对钢材、能源的消耗,减少污染,对建设节约能源型经济与产业升级具有重大意义。

　　现有《钢结构设计规范》(GB 50017—2003)所涵盖的承重结构钢材最高牌号为Q420、Q460及更高屈服强度的构件设计是否适用现有规范,如何进行分析设计,成为亟待解决的问题。这一问题主要涉及高强钢的材料力学性能、残余应力对高强钢构件影响程度的变化与高强钢基本构件的受力性能等方面。本书针对这些问题进行了系统的试验与理论研究。

　　高强钢具有不同于普通钢材的残余应力-屈服强度比(残余应力比),残余应力比对试件极限承载力的影响是本书的主要研究内容之一。试验研究中,采用与轴压试件相同的制作工艺加工了6根相应的箱形和H形截面残余应力试件,分别采用分割法和盲孔法测试了Q460高强钢焊接箱形截面与焊接焰割边H形截面的残余应力大小与分布。两种方法的试验结果吻合较好,试验结果准确可靠。然后,基于试验结果提出了简化的残余应力分布模型。最后建立有限元模型,对 Q460 高强钢中厚板焊接箱形截面的残余应力进行了数值模拟。

为了研究高强钢中厚板焊接箱形柱的极限承载力,以 11 mm 和 21 mm 厚国产 Q460 高强钢中厚板制作了 7 个焊接箱形柱和 6 个焊接 H 形柱进行轴心受压试验。箱形试件包含宽厚比 8,12,18 三种截面,长细比分别为 35,50,70;H 形试件共包含三种截面尺寸,外伸翼缘宽厚比分为 3,5,7,长细比分别为 40,55,80。

同时,以数值积分法和有限单元法对已有焊接箱形柱和 H 形柱轴心受压试验进行了数值分析。数值积分法采用笔者编制的电算程序,有限元法采用通用有限元程序 ANSYS。数值模型中考虑了实测的初始挠度、初始偏心及简化的残余应力分布模型,分析预测了 Q460 高强钢焊接箱形柱与 H 形柱轴心受压状态下的力学行为。数值积分法分析结果与有限元分析结果吻合。为了验证数值分析的准确性,将预测结果与已有试验结果进行了对比,发现考虑了残余应力、初始偏心、初始挠度的数值积分法与有限元分析可以准确地预测 Q460 钢焊接箱形柱的受压力学行为。通过对比采用简化残余应力分布模型与采用实测残余应力分布模型的有限元分析结果,验证了简化残余应力分布模型的准确性。

作为有限的试验结果的有力扩充,采用已验证的数值模型对 Q460 钢轴心受压柱的极限承载力进行了参数分析。数值模型考虑了 1/1 000 柱长的初始弯曲及由相应截面尺寸残余应力试验提出的残余应力简化模型。试件的主要参数为截面宽厚比与柱长细比。参数分析结果与现有规范的比较结果表明,中厚板 Q460 高强钢焊接箱形柱可采用《钢结构设计规范》(GB 50017—2003)中高于普通强度钢柱的 b 类柱子曲线;中厚板 Q460 高强钢焰割边焊接 H 形柱绕弱轴与绕强轴稳定系数,可沿用《钢结构设计规范》(GB 50017—2003)中 b 类截面柱子曲线。

目　录

第 1 章

绪 论

1.1 课题研究背景

2008 年,我国的粗钢产量达 5 亿 t,出口总量为 6 425 万 t,进口 1 661 万 t。国内钢铁材料的总消费量为 45 285 万 t,占粗钢总产量的 87.2%。大部分钢铁材料消费在建筑业上,占总消费量的 54.42%。在钢结构方面,国家体育馆"鸟巢"与"中央电视台新台址"等一批大型钢结构建筑的建设,促进了高强度、高性能中厚板和 H 形钢的开发和应用,带动了建筑用钢的开发和应用技术的进步。但是,在取得成绩的同时,我们仍然需要对我国建筑用钢品种开发和应用技术水平有一个清醒的认识。目前,我国建筑用钢的开发和应用仍然面临诸多难题,包括:钢材新品开发能力和建筑应用技术水平与发达国家相比相对落后;高强度、高性能钢材的消费比例偏低,造成建筑的单位用钢量偏高等。

20 世纪 90 年代以前,Q235 钢(相当于欧洲 S235,美国 ASTM A36)在建筑结构与桥梁建设中占主要地位,而 Q345 钢(相应于欧洲 S355,美国 ASTM A572)在当时被认为是高强度钢材(以下简称"高强钢"),其应用较 Q235 钢少[1,2]。20 世纪 90 年代至今,屈服强度为 345～355 MPa 的钢材在市场上逐渐替代了屈服强度 235 MPa 的钢材成为主流。根据我国钢结构协会 2010 年对中国钢结构企业生产经营状况的调查结果,2010 年钢结构用钢各等级钢材占总用钢量的比例如下：Q235 钢为 31％,Q345 钢为 62％,Q390 钢为 4％,Q420 钢为 2％,Q460 钢为 1％,如图 1-1 所示。

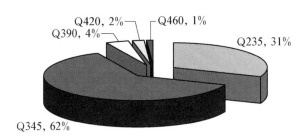

图 1-1　2010 年中国大陆消费各等级钢占总用钢量的比例

随着材料科学的进步与冶金制造工艺的发展,更高强度的钢材相继在结构用钢的市场上出现,屈服强度从 460 MPa 到 1 100 MPa[2]。高强钢所代表的牌号范围也有了新的定义。近年来,各国普遍将屈服强度超过 420 MPa 的钢材称为高强钢,屈服强度高于 690 MPa 的钢材称为超高强钢。

1.1.1　高强钢应用的经济性

高强钢的应用能否带来经济效益,是其能否在工程中广泛应用的决定因素之一,也是研究人员所关心的重要问题。1961 年,美国钢材市场出现了屈服强度高达 690 MPa 的高强钢,Haaijer[3]对高强钢构件的经济性进行了分析,认为高强钢可以降低结构自重并节省材料费用。但早期高强钢的碳当量较高,对焊接工艺要求苛刻且施工质量不宜控制,工程应用很少。20 世纪 90 年代,美国、日本等国提出了高性能钢的概念,不仅要求钢材具有高强度,还要具有较好的断裂韧性、可焊性、冷弯性能与一定的耐候能力。2006 年,Collin 与 Johansson[4]给出了不同强度钢材的单位质量价格与单位强度价格,如图1-2所示。图1-2(a)中对比了不同地区各种强度钢材的单位质量价格,可以看出钢材单位质量的价格随着强度增长而增长;图1-2(b)假设钢材的强度均能得到充分利用,对比了不同强度钢材的单位强度成本,从中可以看出钢材单位质量价格的增长速度低于钢材强度的增长速度,因此高强钢提供每兆帕承载力的成本要低于普通强度钢材[3,4]。

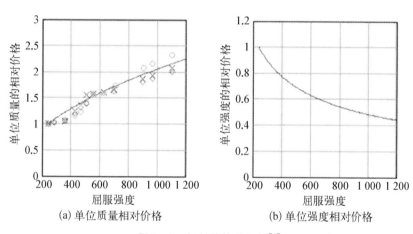

(a) 单位质量相对价格　　　　　(b) 单位强度相对价格

图 1 - 2　钢材价格的比较[4]

Günther[5]汇编了美国、加拿大、欧洲和日本关于高性能钢应用与研究的文献,认为高性能钢在大、中跨桥梁中的应用能节省用钢量高达20%。2011年,Long和Jean-Francois等[6]对高强钢用于钢柱与钢管混凝土柱的经济性进行了全面分析,研究了高强钢在单个柱与框架柱中的成本并与普通强度钢材方案进行比较,认为采用高强钢制造受压构件在总体造价上更为经济。高强钢在建筑结构与桥梁领域的应用均可以降低工程成本,但实际节约成本取决于结构的形式与不同时间、地区钢材的价格。不可忽视的是,随着钢材强度的增高,构件的稳定性将成为决定高强钢结构是否经济的关键。当高强钢应用于受拉构件或非稳定控制的构件时,其效率更高。

1.1.2 高强钢的优势

高强钢的应用不仅能为工程的建设方节约投资,还能解决设计与施工中的难题,为大型及复杂结构提供更为合理的解决方案,其优点可归纳如下:

(1)与普通钢材相比,高强钢具有更高的屈服强度与抗拉强度,因此在同样的受力条件下可以采用更小的截面尺寸,用钢量将得以降低。特别是当恒荷载中结构自重占较大比例时(如大跨度结构与桥梁等),采用高强钢将进一步减少用钢量。

(2)对于受力较大的构件,采用高强钢后构件截面减小,构件重量降低,解决了大型构件的运输与吊装问题。采用高强钢后构件的壁厚得以减小,厚板焊接等施工难题也将得以解决,同时减少了焊接工作量。

(3)对于高层与超高层建筑,减小柱的尺寸将提供更多的有效使用面积,尤其是在底层及地下停车库等柱轴力较大部位。

(4)采用高强钢,结构的自重得以降低,可以减少上部结构对基础的作用力,降低基础的造价。对于地震区结构,减小结构自重也同时降低了结构在地震下的作用力,使得抗震建筑设计的更为经济。

(5)高强钢的推广使用将显著减少单位建筑面积钢材、能源的消耗量,在解决工程问题的同时还可达到减少污染、改善环境的目的,对建设能源节约型经济与可持续发展社会具有重大意义。

1.1.3 高强钢的应用现状

近年来,高强钢在日本、美国、欧洲及中国等地区已有一些工程应用实例[4,5,7-13],涉及建筑结构、桥梁工程与输电铁塔结构等领域。

1. 建筑结构

日本的 Landmark Tower 与 NTV Tower,澳大利亚的 Star City 与 Latitude 大厦,以及德国的 Sony Centre 等,采用了屈服强度 460 ~

690 MPa的高强钢,解决了设计与施工问题,取得了良好效果,如图 1-3—图 1-7 所示。

图 1-3 Landmark Tower(日本)

图 1-4 NTV Tower(日本)

图 1-5 Star City(澳大利亚)

图 1-6 Latitude 大厦(澳大利亚)

图 1-7 Sony Centre(德国)

　　2008 年以来，Q460 高强钢在我国得到了应用。Q460E 高强钢在国家体育馆（图 1-8）钢结构工程的应用[14]使得关键内柱的钢板厚度大大减小，由 220 mm（Q345）降低为 110 mm，解决了超厚板焊接制作与施工吊装等难题。Q420 与 Q460 钢在中央电视台新台址（图 1-9）工程中关键节点及构

图 1-8　国家体育馆"鸟巢"（中国）

图 1-9　中央电视台新台址（中国）

件中的应用解决了工程需求。

2. 桥梁工程

美国田纳西州和内布拉斯加州在联邦公路局的支持下,进行了示范性高性能钢桥的建设,推动了高性能钢在美国桥梁建设中的应用。S460 高强钢在德国的 Rhine Bridge Dusseldorf-Ilverich 和法国的 Millau Viaduct Bridge 得到了应用。德国斯图加特附近的 Nesenbachtalbruke 桥受压构件采用了 S690 高强钢,以减小桥墩尺寸满足外观要求(图 1 - 10)。瑞典的 48 号军用快速桥采用了 S1100(屈服强度 1 100 MPa)超高强钢,大幅降低了桥重,便于战时快速运输与安装(图 1 - 11)。

图 1 - 10　Nesenbachtalbruke 桥(德国)

研究人员在设计与建设中发现,钢梁中进行高强钢与普通钢的混合应用(混合钢梁)能最大限度发挥材料性能。混合钢梁通常将高强钢用于受拉翼缘以充分发挥其高强度的优点,而受压翼缘与腹板仍然使用普通强度钢材,但两者强度之差不宜大于 50%。高强钢混合钢梁在美国得到了广泛应用,在欧洲也逐渐得到关注。1995 年瑞典的 Mittadalen 采用混合钢梁建造了一座跨度 20 m 的钢桥,其下翼缘采用 WELDOX700(屈服强度 700 MPa)高强钢。

图 1-11 快速军用桥 48 号(瑞典)

3. 输电铁塔

欧美国家常用的角钢强度为 450 MPa。我国 2007 年发布实施的冶金行业标准《铁塔用热轧角钢》(YB/T4163—2007)将 Q460 角钢纳入其中,为设计使用提供了依据[13]。同年,Q460 角钢在平顶山-洛南 500 kV 线路的铁塔中得以应用,取得了良好的综合效益。2008 年李正良等[15]与曹现雷等[13]通过计算对比得出 Q460 高强钢在高压输电铁塔中的应用较 Q345 钢节省材料 5%~10%,整体造价节约 1%~8%。

除此之外,海上平台结构、压力容器、油气输送管道与汽车制造等领域都是高强钢的潜在市场。2003 年 Corbett 和 Bowen 等[12]分析了高强钢在燃气输送管道中应用的经济效益,并以 X120 钢管(屈服强度825 MPa)为例描述了应用效果,认为可节约总工程造价 5%~15%。2008 年 Lucken 和 Kern 等[11]讨论了高性能钢在船舶制造与海上平台结构中应用的优势与前景。

1.2 高强钢在结构中应用的问题

高强钢具有较多优点,但高强钢的应用仍受到多方面的限制。从已有的高强钢材料性能试验数据可以发现,随着钢材屈服强度的增大,钢材的屈强比增大,钢材的断后伸长率减小,延性变差[16];高强钢应力-应变曲线中屈服平台长度缩短甚至消失,高强钢的应变强化效应没有传统钢材那么明显[17](图1-12)。

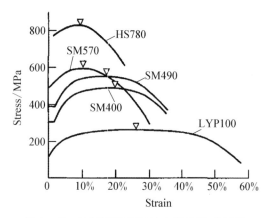

图1-12　不同牌号钢材的力学性能对比[16]

由于高强钢的材料性能与普通钢有明显差异,现有设计准则基于低碳钢材性假定,需要验证对高强钢的适用性,或提出新的设计方法。高强钢应用的主要阻碍是没有相应的设计规范。针对高强钢应用问题的研究,主要划分为三个阶段:

(1)弹性设计阶段。高强钢受压构件、压弯构件和受弯构件的极限承载力常由构件的局部屈曲、整体屈曲或两者的相关屈曲控制,现有针对普通钢构件的理论分析方法仍然适用于高强钢构件。然而构件的极限承载力受残余应力、初始几何缺陷、材料力学性能等参数的影响。高强钢的应力-应变曲线与普通钢有显著差异,钢构件中残余应力与屈服强度的比值也随材料强度变化[18],高强钢构件对初始几何缺陷的敏感程度较普通强度构件低[19],这些因素将造成现有设计规范中的某些条文对高强钢不一定适用,需重新检验。

(2)塑性设计阶段。现有设计规范假定构件具备足够的延性性能与变形能力,认为构件能在相对较大变形下仍不发生破坏,使得内力能够在非静定结构中重新分布。高强钢的屈强比与断后伸长率等指标较普通强度钢材差,构件截面宽厚比限值随钢材的强度变化,这些均将影响高强钢受弯构件的变形能力,是塑性设计阶段的考察重点。

(3) 抗震设计中。通常预期结构将在大震下经历较大变形,抗震结构与构件必须具备足够的延性以保持在较大的变形下继续承载。另外,抗震结构还需要合理的结构布置,以保证在大震下形成有效的耗能机制。

1.3 课题研究的意义

高强钢具有比一般钢材更高的屈服强度、抗拉强度,因此在相同的受力条件下使用高强钢构件往往可以采用比普通钢构件更小的截面尺寸。高强钢构件的使用不仅能减少结构空间的占用,同时还能减少运输、焊接等工作量,并可缩短工期,从而带来可观的经济效益。高强度钢材的推广使用能减少对钢材、能源的消耗,减少污染,对建设节约能源型经济与产业升级具有重大意义。

现有《钢结构设计规范》(GB 50017—2003)[20] 所涵盖的承重结构钢材最高牌号为 Q420,现有规范是否适用 Q460 及更高屈服强度的构件设计、如何进行分析设计成为亟待解决的问题。这一问题主要涉及高强钢材的力学性能、高强钢焊接构件中残余应力的大小以及分布形式与高强钢基本构件的受力性能等方面。对这些方面进行研究将在高强钢构件残余应力分布规律和高强钢钢结构设计理论上有所突破。高强钢的基础应用研究将为新型高强结构钢的应用奠定基础,推动高强钢在建筑与桥梁工程中的普及应用。

1.4 本书主要内容

本书主要对 Q460 高强钢焊接箱形截面与 H 形截面柱的极限承载力进行了试验与理论研究,以提出适合 Q460 高强钢轴压柱的设计方法。为了完成这一目标,本书以 Q460 钢焊接截面柱的轴压试验、数值模拟及参数分析为主线,同时以 Q460 钢的钢材力学性能试验和 Q460 钢焊接截面的残余应力测试为辅助,对该问题进行了系统研究(图 1-13)。

内容一共分为 8 章,各章的主要内容如下所述:

第 1 章,绪论。介绍了课题研究的背景,论述了高强钢工程应用的经济性与优势,分析了高强钢应用所面临的问题,阐述了本课题研究的目标与意义,并概括了本书各章的主要内容。

第 2 章,文献综述。查阅了近几十年来国内外有关高强钢应用研究的文献,对高强钢材料性能、高强钢基本构件的极限承载能力与变形能力、高强钢构件的焊接连接、螺栓连接与节点受力性能和高强钢材料及构件的抗震性能的研究现状作了较为全面的总结和评述。

第 3 章,残余应力测试与数值模拟。分别采用分割法与盲孔法测试了 Q460 高强钢焊接箱形截面与焊接焰割边 H 形截面的残余应力大小与分布,两种方法测得的结果吻合较好,试验结果准确可靠;然后,基于试验结果提出了简化的残余应力分布模型,作为初始缺陷考虑用于 Q460 高强钢基本构件的参数分析中;最后建立有限元模型,对 Q460 高强钢中厚板焊接箱形截面的残余应力进行了数值模拟。

第 4 章,焊接箱形柱轴压试验研究。以 7 根 Q460 高强钢焊接箱形柱进行了轴压试验,对试验现象与结果进行了分析。将试验得到的 Q460 高强钢焊接箱形柱极限承载力与现有规范预测值进行了初步对比。

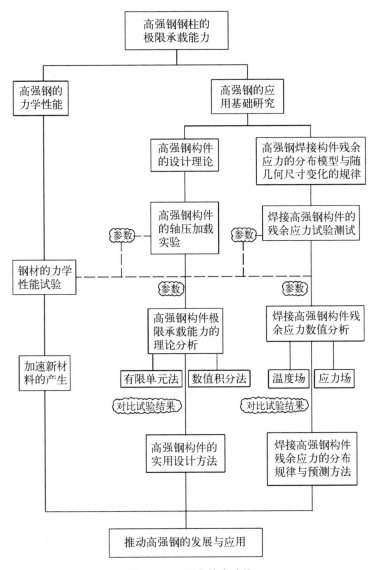

图 1‑13　研究技术路线

第 5 章,焊接箱形柱的参数分析与设计建议。首先采用数值积分法与有限元法对第 4 章 Q460 高强钢焊接箱形柱轴压试验进行了数值模拟,模型考虑了残余应力与初始几何缺陷,计算结果与试验吻合较好;然后以验证的数值模型对 Q460 高强钢焊接箱形柱的受压极限承载力进行参数分析;最后将参数分析结果与现有规范进行比较,提出 Q460 高强钢焊接箱形柱的设计建议。

第 6 章,焊接 H 形柱轴压试验研究。以 6 根 Q460 高强钢焊接 H 形柱进行了轴压试验,对试验现象与结果进行了分析。将试验得到的 Q460 高强钢焊接 H 形柱(焰割边)极限承载力与现有规范预测值进行了初步对比。

第 7 章,焊接 H 形柱的参数分析与设计建议。首先采用数值积分法与有限元法对第 6 章 Q460 高强钢焊接 H 形柱轴压试验进行了数值模拟,模型考虑了残余应力与初始几何缺陷,计算结果与试验吻合较好;然后以验证的数值模型对 Q460 高强钢焊接 H 形柱的受压极限承载力进行参数分析;最后将参数分析结果与现有规范进行比较,提出 Q460 高强钢焊接 H 形柱(焰割边)的设计建议。

第 8 章,结论与展望。归纳了本书的主要研究工作与结论,并对高强钢在结构中工程中应用(包括抗震地区的应用)所面临的问题进行了展望,提出了研究建议。

第2章

文献综述

2.1 概　　述

从材料性能的特点来看,提高钢材抗拉强度的途径主要有三种:

(1) 添加铁与碳以外的化学元素以获得高强度、高断裂韧性、耐腐蚀、耐高温和耐低温等特性;

(2) 通过热处理工艺得到需要的组织结构并达到预期的力学性能;

(3) 在结晶温度以下(通常为常温)加工,冷作硬化将显著提高钢材的强度和硬度。

由不同途径获得的高强钢其力学性能存在显著差异,因此在进行高强钢的应用相关研究时,要对钢材的种类加以区分。本章对高强钢结构研究进展的介绍分为热轧高强钢结构与冷轧薄壁高强钢结构两个部分。

2.2 材料力学性能

材料力学性能是高强钢结构应用研究的基础。区分高强钢与普通强度钢材应力-应变关系的不同特点,对重新审视现有钢结构设计规范与分析理论的适用性具有决定作用。国内外学者通过对大量试验结果的总结分析,发现随着高强钢屈服强度的增长,钢材的屈服平台缩短甚至消失,钢材的屈强比增大并接近 1,钢材的断后伸长率减小。

早期的结构用高强钢通过淬火与回火(Quenched and Tempered)热处理工艺制造,于 20 世纪 60 年代在美国与日本出现。1969 年,美国 ASTM 制定的 A514 规范规定了名义屈服强度为 690 MPa 的早期高强钢的化学成分与力学性能[1]。美国与日本学者首先在高强钢基本构件的研究中获得了一些高强钢材性试验结果[2-6],随后澳大利亚与欧洲学者在高强钢相关研究中积累了更多的材性数据[7-9]。早期的高强钢限于可焊性差,断裂韧性与冷弯性能不足等问题,没有得到广泛应用。

由于工程对高强度钢材的需求,20 世纪 90 年代后,美国和日本的桥梁建造业与钢铁制造业紧密合作,开发出力学性能与可焊性符合工程需求的新型高性能钢材。新型的高性能钢材通过减少碳、硫等元素含量改善钢材的可焊性,同时通过控轧控冷技术(TMCP)与添加合金元素等手段,提高钢材的强度、断裂韧性与冷弯性能,具有良好的疲劳性能[10]。新型的高性能钢材近十年来在工程建设中逐渐得到了应用。如日本的桥梁用高性能钢 BHS500W 与 BHS700W,美国 ASTM 的建筑结构用高性能钢 A992 与桥梁用高性能钢 A709。Fukumoto[11] 总结并比较了普通强度钢、早期高强钢与新型高性能钢(TMCP)的力学性能,分析了低屈强比高强钢构件的极限承载力与延性性能;Galambos 和 Hajjar 等[12] 按钢牌号分类总结了已有的高强钢材料性能;Ban 和 Shi 等[13] 更全面地总结了国内外高强钢材料性能的试验结果。

另外,我国学者对高强钢材在高温与低温下的性能也进行了研究。刘兵[14] 指出 Q460 高强钢具有良好的高温下材料性能;王元清和林云等[15] 研究了 Q460 高强钢材在低温下的力学性能,指出温度小于 −40℃ 时 Q460 倾向于脆性破坏。

2.3 高强钢基本构件的极限承载力与变形能力

2.3.1 受压构件

国内外学者研究了高强钢焊接 H 形截面、焊接箱形截面和十字形截面受压构件的力学行为,主要针对轴压构件的局部稳定、整体稳定、相关稳定与极限承载力问题进行了试验与理论研究(表 2-1)。研究结果表明:残余应力对高强钢构件极限承载力的影响较小;焊接箱形截面与焊接 H 形截面绕弱轴失稳的高强钢受压构件的稳定系数高于普通钢构件;高强钢压杆的局部稳定宽厚比限值可采用现有规则;高强度钢材屈服后的强化性能弱于普通强度钢材,造成高强钢短柱的正则化强度低于普通钢短柱。

表 2-1 高强钢受压构件的研究

作者/年代	国家地区	文献编号	研究类型	钢牌号实测屈服强度	研 究 内 容
Nishino, Ueda, et al. 1967	日本美国	[2]	试验	A514 717~799 MPa	高强钢焊接箱形柱局部稳定问题;短柱试验;残余应力
Usami, Fukumoto 1982	日本	[5]	试验	HT80/A514 741 MPa	高强钢焊接箱形柱的局部稳定问题;整体稳定及相关屈曲的极限承载力;短柱试验;极限承载力试验;经验计算公式;残余应力
Usami, Fukumoto 1984	日本	[6]	试验	SM58 568 MPa	高强钢焊接箱形柱极限承载力;屈曲后强度;轴压与偏压;有效宽度理论
Rasmussen, Hancock 1992	澳大利亚	[7]	试验	BISALLOY80 670 MPa	高强钢柱局部稳定问题;焊接箱形柱;焊接 H 形柱;焊接十字形柱;短柱试验;宽厚比限值;残余应力;对比规范 AS4100, AISC-LRFD 和 Eurocode3

作者/ 年代	国家 地区	文献 编号	研究 类型	钢牌号 实测屈服强度	研　究　内　容
Rasmussen, Hancock 1995	澳大 利亚	[8]	试验	BISALLOY80 705 MPa	高强钢柱整体稳定问题；焊接箱形柱；焊接 H 形柱；极限承载力试验；稳定系数；残余应力；对比规范 AS4100，AISC – LRFD，BS5950 和 Eurocode3
Gao, Sun, et al. 2009	中国	[16]	试验 数值	8Mn2CrMoBA 793.3 MPa	高强钢焊接箱形柱局部稳定问题；短柱试验；参数分析；对比美国 AISI 规范
Shi, Bijlaard, 2007	中国 荷兰	[17]	数值	690 MPa	有限元分析；残余应力；初始几何缺陷
曹现雷，郝 际平，等 2009	中国	[18]	试验	Q460	高强角钢单边连接压杆；极限荷载试验；对比美国规范 ASCE10—1997
班慧勇，施 刚，等 2011	中国	[19]	试验	Q420	高强度等边角钢轴心受压整体稳定问题；极限承载力试验；稳定系数；对比《钢结构设计规范》(GB 50017—2003)
施刚，刘钊， 等 2011	中国	[20]	试验	Q420	高强度等边角钢局部稳定问题；短柱试验；弹性嵌固系数；对比中国、美国和欧洲钢结构设计规范
施刚，班慧 勇，等 2011	中国 荷兰	[21]	试验	S690 S960	端部约束的高强、超高强钢焊接 H 形柱整体稳定问题；极限承载力试验研究；稳定系数；与欧洲规范和我国规范对比
李国强，王 彦博，等 2012	中国	[22] [23]	数值	Q460 505.8 MPa	高强钢焊接箱形柱整体稳定问题；数值模拟；参数分析；残余应力；柱子曲线；对比《钢结构设计规范》(GB 50017—2003)

2.3.2　受弯构件

1969 年以来,美国学者 McDermott[3,4]首先针对早期高强钢制作的 I 形受弯构件的力学性能开展了研究,随后日本学者 Kuwamura[24]、Kato[25,26]等进一步研究了因高强钢相对普通强度钢具备高屈强比、无明显屈服平台段、延伸率低等特点对受弯构件力学性能的影响。对于早期高强钢受弯构件,有学者认为其具有足够的变形能力以应用于塑性设计[4];但后来一些学者[27-29]在试验研究中发现 A514 高强钢梁的受拉翼缘在未达到完全塑性弯矩以前就发生了脆性断裂,有些受弯试件虽能达到完全塑性弯矩但转动能力不足,认为早期高强钢不具备足够的延性以保证可进行塑性设计。另外,由于早期高强钢化学成分中碳当量较高,对焊接工艺要求较为苛刻,增加了建设成本,也阻碍了早期高强钢的推广应用。

1994 年,美国联邦公路局、美国海军与美国钢铁协会联合启动了高性能刚的研发项目[30],ASTM 分别颁布了建筑结构用高性能钢标准 A992 与桥梁用高性能钢标准 A709。20 世纪 90 年代末,各国学者针对高强钢与高性能钢受弯构件的试验研究与数值分析逐渐增多。以美、日为主的学者对高强钢受弯构件力学性能进行了大量试验与理论研究,研究内容主要集中在高强钢 I 形受弯构件的极限承载力,局部稳定、整体稳定与相关稳定,翼缘宽厚比、腹板高宽比与高强钢材料力学性能对受弯构件转动性能的影响(表 2-2)。

表 2-2　高强钢受弯构件的研究

作者/年代	国家地区	文献编号	研究类型	钢牌号名义屈服强度	研 究 内 容
McDermott 1969	美国	[4]	试验	A514 690 MPa	高强钢 I 形截面受弯试件的局部稳定、整体稳定与相关稳定问题;纯弯与弯剪;极限承载力试验;塑性铰转动能力;延性性能;钢的材性与转动能力关系的理论分析

作者/ 年代	国家 地区	文献 编号	研究 类型	钢牌号 名义屈服强度	研　究　内　容
Beg, Hladnik 1996	斯洛 维尼 亚	[9]	试验 数值	NIONICRAL70 700 MPa	高强钢 I 形截面 Class3 类的宽厚比限值;纯弯试验;残余应力;考虑翼缘与腹板相互影响的截面分类表达式
Ricles, Sause, et al. 1998	美国	[31]	综述 试验 数值	HSLA - 80 552 MPa	高强钢 I 形受弯构件的局部稳定;塑性铰转动能力;弯剪与纯弯试验;参数分析:翼缘宽厚比,腹板高厚比,材料屈强比与转动能力的关系;对比美国规范 AISC LRFD
Sause, Fahnestock 2001	美国	[32]	试验	HPS - 100W 690 MPa	高性能钢 I 形梁三点加载试验;极限承载力;对比美国规范 AASHTO LRFD;对比普通强度钢材的试验结果
Green, Sause, et al. 2002	美国	[33]	试验 数值	HSLA - 80 550 MPa	高性能 I 形钢梁极限承载力试验;均布弯矩,梯度弯矩,单调与循环加载;截面尺寸、加载方式与材料性能对转动能力的影响;对比普通钢梁试验;比较美国规范 AISC LRFD;建立并验证有限元模型
Wheeler, Russell 2005	澳大 利亚	[34]	试验	Bisplate80 690 MPa	高强钢焊接箱形受弯构件极限承载力试验;参数:腹板宽厚比;对比澳大利亚规范 AS4100—1998
Earls 1999	美国	[35]	数值	HSLA - 80 550 MPa	模拟了高强钢 I 形梁在梯度弯矩作用下的弹塑性破坏模式;侧向支撑,翼缘宽厚比,腹板高厚比对转动能力的影响;破坏模式对构件延性的影响
Earls 2000	美国	[36]	数值	345~690 MPa	模拟了高强钢 I 形梁在梯度弯矩作用下的性能;极限承载力;转动能力;参数分析:屈服强度,应变强化模量,屈服平台段,强化法则

续　表

作者/ 年代	国家 地区	文献 编号	研究 类型	钢牌号 名义屈服强度	研 究 内 容
Barth, White, et al. 2000	美国	[37]	数值	HPS70W 483 MPa	模拟了高强钢 I 形梁在梯度弯矩作用下的力学性能；极限承载力；参数分析：材料力学性能，截面尺寸；对比美国规范 AASHTO LRFD 与预测公式
Earls 2001	美国	[38]	数值	HSLA552 552 MPa HPS483W 483 MPa	模拟了高性能钢 I 形钢梁在均匀弯矩作用下的力学性能；极限承载力；转动能力；参数分析：翼缘宽厚比，腹板高厚比，侧向支撑；对比美国规范 AISC LRFD
Earls, Shah 2002; Thomas, Earls 2003	美国	[39, 40]	数值	HPS483W 483 MPa	有限元模拟；参数分析：翼缘宽厚比，腹板高厚比，侧向支撑；对比美国规范 AASHTO LRFD；设计建议

研究结果表明：

（1）美国现有规范 AASHTO‐LRFD[41]仍可较为准确地预测高强钢 I 形受弯构件的极限承载力；

（2）相同截面的受弯构件，高强钢构件的转动能力相比普通钢构件下降明显（HSLA80 相对 A36 下降 70％～83％），主要影响因素为材料屈强比；

（3）因此，现有规范（AASHTO‐LRFD[41]与 AISC‐LRFD[42]）要求的翼缘宽厚比限制与腹板宽厚比限制无法保证高强钢受弯构件具有足够的延性以进行塑性设计；

（4）可以从限制材料屈强比或减小截面宽厚比限值要求等方面来保证高强钢受弯构件具有足够的转动能力；

（5）高性能钢梁的疲劳性能相对早期高强钢也有显著提升[43]。

另外,为了使高性能钢材的优势能在受弯构件中得到充分的发挥,美国与英国学者研究并提出了混合钢梁的设计方法[44];美国与加拿大学者[45,46]介绍了双腹板Ⅰ形钢梁、波纹腹板Ⅰ形钢梁以及钢管翼缘Ⅰ形钢梁等新形式,讨论了相应的设计方法。

2.4 高强钢构件的连接

2.4.1 螺栓连接

20世纪90年代末期,国外学者开始对高强钢构件的螺栓连接性能进行研究,主要考察了螺栓端距、边距、间距与材料力学性能对螺栓抗剪连接承载力与变形能力的影响,检验了现有设计规范对高强钢螺栓连接的适用性,给出了设计建议(表2-3)。

表2-3 高强钢螺栓连接研究

作者/年代	国家地区	文献编号	研究类型	钢牌号实测屈服强度	研究内容
Kim,Yura 1999	美国	[47]	栓接试验	483 MPa	高强钢板单螺栓与双螺栓(平行受力方向布置)单剪连接;抗剪连接承载力试验;变形能力;钢材强屈比与螺栓端距的影响;检验现有规范 AISC LRFD
Puthli,Fleischer 2001	德国	[48]	栓接试验	S460 524 MPa	高强钢板双螺栓(垂直受力方向布置)双剪连接;抗剪连接承载力试验;螺栓间距与边距的对连接强度的影响;对比规范 Eurocode3
Rex,Easterling 2003	美国	[49]	栓接试验数值	301~506 MPa	单螺栓双剪连接;抗剪连接承载力试验;限元模拟;参数:端距、边距与钢材屈服强度;提出初始刚度与荷载-变形曲线预测公式;对比了规范 AISC LRFD(1993与1999版)和Eurocode3

作者/年代	国家地区	文献编号	研究类型	钢牌号实测屈服强度	研　究　内　容
Može, Beg, et al. 2007, 2010	斯洛文尼亚	[50,51]	栓接试验统计	S690 847 MPa	开孔高强钢板试件拉伸试验;高强钢板单/双螺栓(垂直于受力方向布置)双剪连接试件承载力试验;净截面强度;局部延性性能;进行统计分析并给出材料分项系数;提出多螺栓连接强度的预测公式
Dusicka, Lewis 2010	美国	[52]	栓接试验	HPS70W	带填充板的高强钢板螺栓连接承载力试验;连接强度与填充板厚度的关系;多填充板的影响;提出设计建议
Može, Beg 2011	斯洛文尼亚	[53]	栓接试验数值	S690 796 MPa	高强钢板 3、4 螺栓(平行受力方向布置)双剪连接承载力试验;有限元模拟;检验了欧洲规范 EN1993 - 1 - 8

研究结果表明:

(1) 美国规范 AISC LRFD—1993 可以准确预测高强钢螺栓连接的承载力;AISC LRFD—1999 中预测公式由孔中心距离改为孔边缘距离,其预测值不如 AISC LRFD—1993 准确,较保守;欧洲规范 Eurocode3 对于边距、间距小于限值需折减承载力的规定偏保守,螺栓间距与边距的要求对 S460 钢可以放松;欧洲规范 EN1993 - 1 - 8 中螺栓连接承压强度设计公式是基于单螺栓连接试验的研究结果,对于多螺栓连接情况不完全适用。

(2) 钢材屈强比的高低对螺栓连接的局部变形能力影响较小,强屈比降低至 1.05 并没有显著影响此类连接的局部延性;高强钢螺栓连接局部变形能力可以克服因制造误差造成的各螺栓受力不同步,使得剪力在各螺栓中重新分布;螺栓端距对连接局部变形能力影响较大,连接极限变形值随端距的减小而降低;截面有削弱(约 10%)的高强钢构件受拉变形集中于削弱处,构件整体延性差。

2.4.2 焊接连接

国外学者针对高强钢焊接连接的性能进行了初步研究,主要关注焊接连接的延性、韧性与疲劳性能。Huang 和 Onishi 等[54] 对抗拉强度 400~800 MPa 的焊接连接进行了试验研究,发现高强钢试件焊接后变形能力显著下降,认为抗拉强度超过 600 MPa 时在地震作用下只能利用其弹性变形部分。Kolstein 和 Bijlaard 等[55] 对 S600、S1100 钢高匹配与低匹配焊接连接的变形能力进行了试验与有限元分析,指出高匹配焊接可以提供足够的变形能力,但低匹配焊接连接时需要特别注意连接强度。Zrilic 和 Grabulov 等[56] 研究了低合金高强度钢材(名义屈服强度 700 MPa)的焊接接头性能,发现熔敷金属的断裂韧性弱于热影响区或母材。Muntean 和 Stratan 等[57] 测试了 S235、S460 和 S690 的材料性能,对 72 个焊接连接试件(K 形坡口、V 形坡口与角焊缝)进行了单调与往复加载试验,考察了不同牌号高强钢与 S235 低碳钢焊接连接在单调与反复加载下的性能,发现不同试件均于母材处断裂,高强钢与普通钢混合焊接连接的强度与延性得到肯定。欧洲学者针对名义屈服强度为 460~690 MPa 的高强钢焊接连接进行了疲劳性能试验[58-60],认为高强钢焊接连接具有良好的疲劳性能,甚至优于普通强度钢的焊接连接,其疲劳强度高于欧洲规范 EN 1993-1-9 的预期。

2.4.3 连接节点

荷兰代夫特大学对高强钢端板连接节点的性能进行了系列研究。2007 年,Girao Coelho 和 Bijlaard 等[61] 进行了一批 S355 钢的梁、柱与 S690 高强钢端板连接节点性能的试验研究,试验结果表明高强钢端板连接满足现有规范条款对连接刚度、强度与转动能力的要求。2009—2010 年,Girao

Coelho 和 Bijlaard 等[62,63]制作了 9 个 S690 高强钢与 11 个 S960 超高强钢 I 形试件,进行两跨单点加载模拟梁柱节点受力情况,研究了节点域腹板的受力特性,指出随钢材强度的增高,其变形能力与延性均降低;对高强钢钢柱受横向压力下的弹塑性行为进行了参数分析,通过与欧洲现有规范的预测值对比,对现有规范扩展到高强钢设计给出了修正建议。

2.5　高强钢结构的抗震性能

　　高强钢如何在地震区应用的问题已经得到地震多发国家和地区的广泛关注,但目前已取得的高强钢研究成果主要针对弹性设计与塑性设计,关于高强钢抗震设计的研究成果相对较少。日本学者 Kuwamura 和 Kato[64]进行了早期高强钢压弯试件的往复加载试验,评估了高强钢试件的滞回性能以及纳入抗震结构材料的可行性。Kuwamura 和 Suzuki[65]对日本新型低屈强比(小于 0.8)高强钢(试件屈服强度 431 MPa)梁、柱焊接节点的低周疲劳特性进行了试验研究与地震响应分析,发现此类节点在强震下有足够的安全储备。美国学者 Ricles 和 Sause 等[31]讨论了高强钢的延性性能、耗能能力与普通钢材的差别,认为屈强比的大小是试件非弹性行为的主要影响因素,可通过限定屈强比来确保试件具有足够的变形与耗能能力。罗马尼亚学者 Dubina 和 Stratan 等[66]针对偏心支撑框架提出了双重钢结构系统,即在耗能梁段采用可更换的低屈服点连杆,而在非耗能部位采用弹性设计的高强钢构件,并建立多层框架模型进行了分析验证。我国学者王飞和施刚等[67]研究了屈强比对钢框架抗震性能的影响;邓春森和施刚等[68]采用有限元分析法研究了钢材强度对箱形截面压弯构件滞回性能的影响;崔嵬[69]进行了 Q460C 钢的材料与 H 形、箱形柱的低周反复加载试验,进行了有限元分析,得到了 Q460C 高强钢材料与受压构件的滞回模型。

2.6 冷轧薄壁高强钢结构研究现状

冷轧高强钢一般采用低碳钢为原料,经过低于结晶温度或常温下的轧制得到预期厚度的薄钢板。这一过程造成了晶粒结构的变形,产生了冷作硬化效应,使钢材的强度与硬度指标上升,断裂韧性与塑性指标下降。冷轧后常伴随着退火工序。由冷轧得到的高强度钢材力学性能与热轧高强钢差异较大,板厚较薄,通常用于冷弯薄壁型钢结构中。相关研究结果表明,住宅结构中使用高强冷弯薄壁型钢代替普通冷弯薄壁型钢可节省用钢30%左右[70]。与普通冷轧钢采用重结晶退火不同,高强冷轧钢往往采用去应力退火[71,72]。高强冷弯薄壁型钢与普通冷弯薄壁型钢相比,材料强度高、屈强比高、厚度薄、延性低。由于冷轧薄壁高强钢制造的构件与节点延性较差,其应用在多数国家受到了限制。

澳大利亚/新西兰冷弯型钢结构设计规范 AS/NZS4600:1996[73] 中最早给出了高强冷弯薄壁型钢的设计标准,规定对厚度小于 0.9 mm 的 G550 (屈服强度为 550 MPa)冷轧高强钢,按照 75% 折减强度进行设计。近年来,澳大利亚悉尼大学对高强冷弯薄壁型钢的材料性能、基本构件与连接的受力行为进行了系统的研究,促进了高强冷弯薄壁型钢在住宅建筑中的推广与应用。1997 年,Rogers 和 Hancock[71] 对 370 个 G550 钢材性试件进行了拉伸试验与可靠度分析,考察了 G550 钢的延性性能,研究了不同开孔形状、尺寸对 G550 试件强度的影响,结果表明,G550 屈强比为 1,较 G300 的屈强比 0.85~0.89 显著增大,指出了 G550 延性不足,但强度折减为 75% 的设计规定偏保守。1998—1999 年,Rogers 和 Hancock[72,74] 测试了 158 个单剪螺栓连接试件与 150 个螺丝连接试件,将试验中 G550 试件结果、G300 试件结果与现有规范预测值进行相互比较,进行了可靠度分析,指出澳大利亚与欧美现有规范不能准确预测薄板螺栓连接破坏模式与承载力,在预测螺丝连接抗压承载力时并不保守,需要减小承载力系数。

2001 年,Rogers 和 Hancock[75] 通过试验与有限元分析研究了 G550 冷轧高强钢板的断裂韧性,在试验温度−21℃～21.5℃内未发现脆性破坏。2004 年,Yang 和 Hancock[76]、Yang 和 Hancock 等[77] 进行了 94 根 G550 短柱(含箱形与六边形截面)受压试验与 28 根 G550 箱形长柱受压试验,研究了低应变强化效应对局部失稳与整体失稳的影响,对试验结果进行了数值分析[78],并与现有规范进行比较,给出了设计建议。Yang 和 Hancock[79] 研究了高强薄壁冷弯型钢 G550 卷边槽形截面受压构件的局部屈曲与畸变屈曲的相关影响,进行了 9 根短柱与 12 根长柱试验,试验结果与有效宽度理论、直接强度理进行对比,指出这两种理论无法考虑相关屈曲的影响。2005 年,Teh 和 Hancock[80] 研究了 G450 冷轧薄板的受拉角焊缝、受剪角焊缝和斜喇叭坡口焊的力学行为,指出现有规范在有些情况达不到预期的安全指数,为不保守设计。2008 年,Yap 和 Hancock[81] 对 G550 冷弯高强薄壁型钢复杂十字形截面受压构件的力学行为进行了试验与理论研究,提出了考虑局部与畸变相关屈曲效应的设计方法。2010 年,Pham 和 Hancock[82] 研究了高强薄壁冷弯型钢 G550 卷边槽形截面构件在纯剪与弯剪作用下的力学行为,这些受力情况尚未被现有规范考虑,但在连续檩条系统中会出现,最后综合试验结果与理论分析给出了设计建议。2011 年,Yap 和 Hancock[83] 研究了高强薄壁冷弯型钢 G550 卷边槽形截面(腹板带加劲肋)受压构件的弯扭屈曲、局部屈曲与畸变屈曲的相关影响,进行了 12 根不同长度柱试验,给出了设计建议。

我国学者近年来也开展了高强冷弯薄壁型钢的研究工作。2006 年,李元齐和沈祖炎等[84-86] 针对 G550 高强冷弯薄壁型钢结构常用的轴压构件的承载力设计方法进行了研究,包括其承载力计算模式及设计可靠性分析,并据此提出了相应的设计方法,通过国内外现有相关试验数据的分析,验证了所提出的强度设计指标及承载力设计方法的合理性与可靠性。2010 年,李元齐和王树坤等[87]进行了 63 根屈服强度为 550 MPa 的高强冷弯薄壁型钢卷边槽形截面轴压构件的试验研究,认为我国《低层冷弯薄壁型钢房屋建筑技术规程》(报批稿)适用于屈曲强度为 550 MPa、厚度小于 2.00 mm 的冷弯薄壁型钢卷边槽形截面构件承载力计算。李元齐和刘翔等[88]进行了 48 根屈服强度为 550 MPa 的高强冷弯薄壁型钢卷边槽形截面偏心受压构件试验研究,发现我国规范仅考虑了局部屈曲的影响而没有全面考虑畸变屈曲的影响,因此在试验和现有规范方法比较分析的基础上,提出了一种适用于高强冷弯薄壁型钢偏压构件极限承载力的建议计算方法。李元齐和沈祖炎等[89]基于已有的承载力试验研究结果,对屈服强度为 550 MPa 的高强冷弯薄壁型钢中常用的卷边槽形截面轴压构件和偏压构件的计算模式不定性进行了分析,并计算了不同可能荷载组合下的可靠指标,发现对于宽厚比符合规范要求的构件,按现有规范的抗力分项系数得到的计算结果均能满足目标可靠指标的要求,但对于宽厚比超出规范要求的构件,计算结果不能满足目标可靠指标的要求。李元齐和刘翔等[90],姚行友和李元齐等[91]对屈服强度为 550 MPa 的高强冷弯薄壁型钢卷边槽形截面轴压构件的畸变屈曲性能进行了有限元分析,提出了在卷边间设缀板控制畸变屈曲,并通过试验对其有效性进行了验证。2011 年,李元齐和姚行友等[92]对 40 根高强冷弯薄壁型钢抱合箱形截面受压构件进行试验研究,考察其受力特性及破坏特征,发现抱合箱形截面构件由于两个槽形截面试件的相互约束作用,实测承载力比按单根构件计算承载力叠加结果提高 10%～20%,并针对高强冷弯薄壁型钢抱合箱形截面受压构件极限承载力提出了一种建议计算方法供实际设计参考。

第 3 章

残余应力测试与数值模拟

3.1 概　　述

　　焊接残余应力是由于焊接热过程中板件的受热不均匀产生了不均匀变形,冷却后一部分不可恢复的塑性变形在构件中引起了自相平衡的内应力。焊接残余应力分为纵向残余应力(沿焊缝方向)、横向残余应力(垂直焊缝方向)和板件厚度方向残余应力。对于厚度不大的焊接构件,残余应力基本上是平面应力,厚度方向上的应力很小[1],而平面应力中的纵向残余应力大小及其对构件性能的影响通常又是最为显著的,因此纵向焊接残余应力是人们研究的重点对象。纵向残余应力中,近缝区残余拉应力对应力腐蚀、开裂、疲劳等性能均有不利影响,而远缝区残余压应力对受压构件的稳定性有不利影响,国内外的研究人员对这些问题做了大量的理论与试验研究[2,3]。由于残余拉应力对压杆的稳定性没有直接的影响,焊接残余应力对于受压构件稳定性影响的研究往往聚焦于残余压应力上。

　　高强钢(名义屈服强度不小于 460 MPa)室温下的材料力学性能与普通强度钢材有显著不同[4],与普通低碳钢相比没有明显的屈服平台和显著的应变强化;而且,高强钢在高温下力学性能也显示出与普通强度钢材的差异[5]。这些因素均将影响高强钢焊接构件中残余应力的形成,因此,高强钢构件的应用研究需要针对高强钢焊接截面中残余应力的大小与分布作进一步研究。已有的针对高强钢焊接截面的残余应力测试[6-10]主要集中在名义屈服强度为 690 MPa 的超高强钢材试件上,而且板件厚度较薄(5~8 mm),宽厚比相对较大,无法代表工程中常用的截面尺寸。

本章以火焰切割的国产 11 mm 和 21 mm 厚的 Q460 高强钢钢板焊接制作了 3 个 H 形截面试件和 3 个箱形截面试件用于测量残余应力。试件截面尺寸和焊接工艺同后文第 4 章与第 6 章中轴压试验的柱截面尺寸相同。测得残余应力大小与分布用于提出高强钢焊接截面的简化残余应力模型,并在第 5 章和第 7 章的数值模拟与参数分析中作为初始缺陷考虑。

限于试验研究中测量残余应力的试验条件与较高的试验成本,大批量的残余应力试验研究很难实现。若能在试验验证的基础上建立合理的数值模型以预测高强钢构件内的残余应力,可以为有限的试验数据提供更为广泛的补充与参考。本章还将建立预测 Q460 高强钢焊接箱形截面残余应力的有限元模型,并将预测结果与试验结果进行对比。

3.2　残余应力试验方案

3.2.1　残余应力测试技术

按照试验过程对试件的损害程度,残余应力测试技术分为破坏性测试(分割法)、部分破坏性测试(盲孔法)与无损测试(X 射线衍射、超声波法等)。本章试验试件只用于残余应力测试,因此可以采用精度高且试验费用较低的破坏性与部分破坏性测试方法。

分割法由 Kalakoutsky 于 1888 年提出,随后被广泛应用于结构构件与板件中残余应力的测量。该方法需取焊接试件中约 250 mm 长的部分,分割为细小的长条,以释放禁锢在截面中自平衡的残余应力,如图 3-1 所示。通过测量分割前后的各小条长度以计算释放的残余应力。大量的试验数据显示,在保证恰当制备试件与正确操作的前提下,该方法可以准确地测量试件中的残余应力[11]。

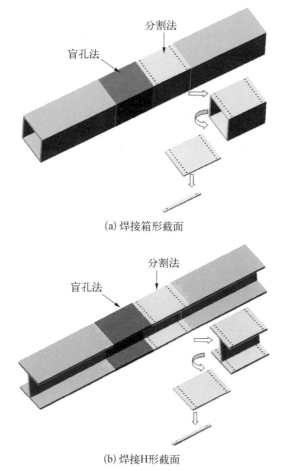

(a) 焊接箱形截面

(b) 焊接H形截面

图 3-1　分割法与盲孔法测量区域划分

盲孔法属于部分破坏测试法,经过长时间的发展与完善,各国均提出了相应的测试规范,例如我国船舶行业标准《残余应力测试方法钻孔应变释放法》(CB 3395—92)[12] 与美国 ASTM 规范 *Standard Test Method for*

Determing Residual Stresses by the Hole-Drilling Strain-Gage Method (E 837 - 08e1)[13]。该方法通过在试件表面钻盲孔以记录钻孔周围释放的应变,然后通过事先标定的转换系数,计算出该点释放的残余应力。盲孔法除了在船舶、机械等行业广泛应用,也在结构构件的残余应力测量中得到了应用[14]。

本章同时采用了分割法与盲孔法进行残余应力测试,并将两种方法的测试结果进行对比。

3.2.2 残余应力试件设计与制造

箱形试件由火焰切割的 11 mm 厚 Q460 钢板焊接而成,H 形试件由火焰切割的 21 mm 翼缘板与 11 mm 腹板焊接而成,截面形状如图 3-2 所示。

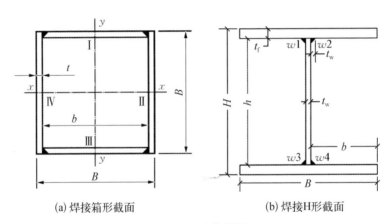

(a) 焊接箱形截面   (b) 焊接H形截面

图 3-2 试件截面

焊接方式采用气体保护焊手工焊接,焊丝采用匹配强度的高强焊丝 ER55 - D2。残余应力试件均为部分熔透焊接,焊接工艺参数如表 3-1 所示。箱形截面宽厚比为 7.8,11.6 与 17.2,分别对应试件 R - B - 8,R - B - 12,R - B - 18,实测尺寸如表 3-2 所示;H 形截面外伸翼缘宽厚比为 3.4,5.0 与 7.1,分别对应试件 R - H - 3,R - H - 5 和 R - H - 7,实测尺寸如表 3-3 所示。表 3-2 与表 3-3 中各符号含义如图 3-2 所示,L 为试件长度。

表 3 - 1　焊接工艺参数

电流 I/A	电压 U/V	速度 v/mm·s^{-1}
190~195	28~30	2.3

表 3 - 2　箱形试件尺寸

试件编号	B/mm	b/mm	t/mm	b/t	L/mm
R - B - 8	110.9	88.2	11.40	7.7	840
R - B - 12	156.5	133.6	11.44	11.7	1 020
R - B - 18	219.8	196.9	11.42	17.3	1 280

表 3 - 3　H 形试件截面尺寸

试件编号	B/mm	H/mm	t_f/mm	t_w/mm	b/t_f	h/t_w	L/mm
R - H - 3	156.00	168.00	21.39	11.49	3.4	10.9	1 550
R - H - 5	225.25	243.75	21.23	11.33	5.0	17.8	1 300
R - H - 7	314.00	319.50	21.20	11.63	7.1	23.8	1 060

试件需要具有足够的长度以消除边缘效应,通常认为除残余应力测试段外,试件两端各预留 2B 长度可以满足要求。本试验采用了分割法与盲孔法两种试验方法,测试端距离应满足两种方法需求。盲孔法钻孔后,钻孔附近区域的应力状态将受到扰动而重新分布,但扰动程度随着距离孔心的距离增长而迅速衰减。通常认为,两孔相距 15 倍的钻孔直径即可互不干扰[12]。本章试验中盲孔法区域长度为 150 mm,盲孔位置布置如图 3 - 3 所示,两孔间最小距离为 40 mm,约为 27 倍的钻孔直径,满足要求;分割法采用手持应变仪标距为 200 mm,分割法原始孔距为 200 mm,分割时需切割出约 300 mm 长的试件。因此,测试端总长为 400 mm,试件长度 $L \approx 4B + 400$,实际长度如表 3 - 2 与表 3 - 3 所示。盲孔法作为部分破坏测试方法,应先于分割法进行,以消除两种方法的相互干扰。

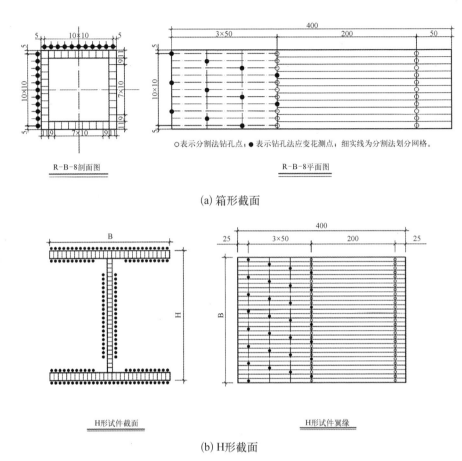

（a）箱形截面

（b）H形截面

图3-3 盲孔法与分割法测点布置

3.3 残余应力测试——分割法

3.3.1 准备工作

试件加工前先对所使用的 Q460 高强钢钢板按照《国家标准钢及钢产品力学性能试验取样位置及试样制备》(GB/T 2975—1998)[15] 与《金属材料室温拉伸试验方法》(GB/T 228—2002)[16] 取样制备试件并进行拉伸试

验。试件受拉达到极限荷载之前,用 50 mm 引伸计测量拉伸应变;达到极限荷载之后,摘除引伸计,以加载头内部位移计的记录数据替代,加载至试件拉断破坏,测得 Q460 高强钢应力-应变曲线(图 3-4),其中,E 为弹性模量;$Rp_{0.2}$ 为规定 0.2% 非比例延伸强度;Rm 为抗拉强度;ε_u 为对应 Rm 处的应变;$\Delta\%$ 为断后伸长率。从图 3-4 中可以看出,与普通低碳钢相比,Q460 高强钢的应变强化效应较弱,屈服平台不明显。

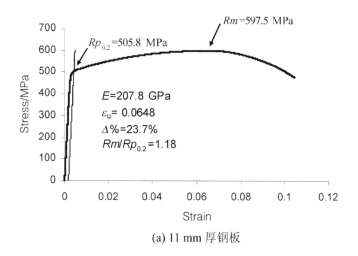

(a) 11 mm 厚钢板

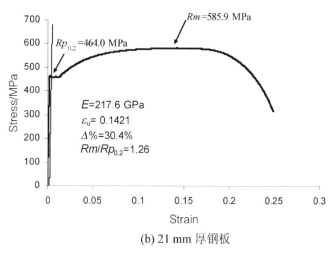

(b) 21 mm 厚钢板

图 3-4　钢材应力-应变关系

3.3.2　分割法试验步骤

参照已有分割法残余应力试验[3,11]，制定分割法试验步骤如下。

1. 放样

如图 3-3 所示，在试件中间段分割区放样、划线和编号。

2. 打孔

按照标记制备标距孔（图 3-5）。标记孔为通孔，钻孔完成后使用 45° 倒角钻扩孔，以消除麻花成孔时造成的毛刺，确保测量数据的稳定。

图 3-5　制备标距孔

3. 分割前测量

标距孔制备完毕后，使用 Whittemore 手持应变仪测量分割前每条的原始长度（图 3-6）。箱形试件只测量外侧，H 形截面内外侧均测量。试件每面循环测量 3 次，误差大于 5% 则检查或修正标距孔后重新测量。每次循环均记录温度校正棒的长度。

图 3 - 6　分割前测量

4. 分割

用锯将试件中段锯出长 250 mm 的试件,沿分割线分割成大块板件。然后按刨口中线用刨床将试件刨成小条,刨口切削量不大于 2 mm(图 3 - 7)。

5. 分割后测量

将分割后的钢条按照编号排序,清除标距孔中的杂物,然后使用 Whittemore 手持应变仪测量钢条分割的长度(图 3 - 8)。箱形试件只测量外侧,H 形截面内外侧均测量。循环测量 3 次,误差应不大于 5%,否则查找原因。每次循环均记录温度校正棒的长度,最后将温度引起的应变在测量结果中去除,以得到释放的应变。如发现分割后小条弯曲,还应测量小条弯曲矢高。

3.3.3　分割法测量结果

将测得的截面每部分释放的应变应用胡克定律,可以得到原有截面中的残余应力大小与分布。图 3 - 9 所示为箱形截面外侧的测量结果。图 3 - 10 所示为 H 截面的测量结果,其中实心符号为外侧(左侧)测量值,空心符号为内侧(右侧)测量值。

(a) 部分分割

(b) 完全分割

图 3-7　分割试件

图 3-8　分割后测量

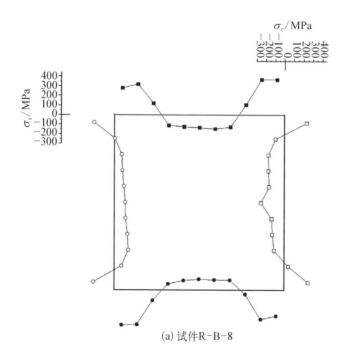

(a) 试件R-B-8

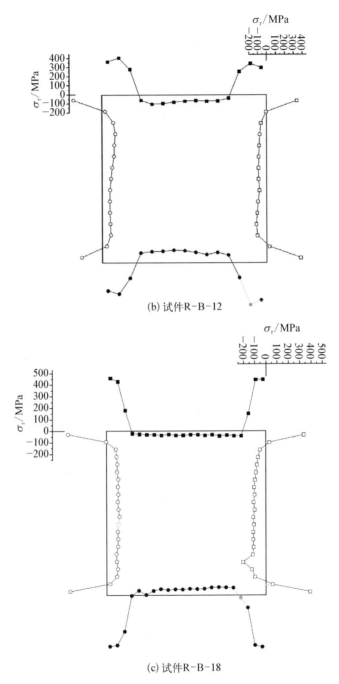

(b) 试件R-B-12

(c) 试件R-B-18

图 3-9 箱形截面残余应力测量结果

在没有外力作用的条件下,截面内的残余应力是自平衡的,其应力对面积的积分应为 0。因此可以使用这一条件对测量结果进行检验。检验结果发现,各箱形截面平均应力均接近 0(R-B-8 为-3.3 MPa,R-B-12

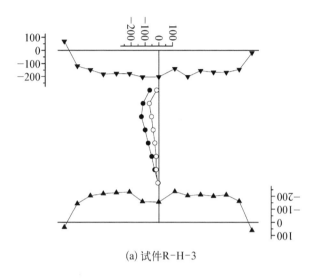

(a) 试件R-H-3

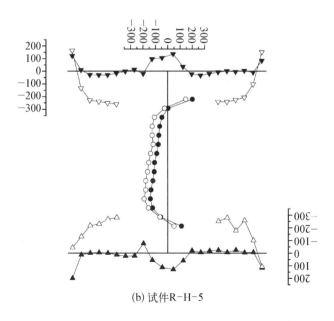

(b) 试件R-H-5

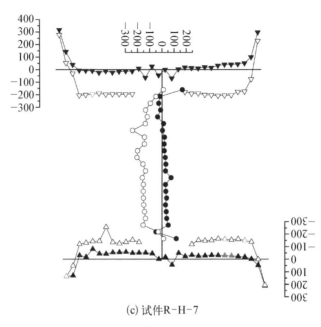

(c) 试件R-H-7

图3-10 H形截面残余应力测量结果

为−4.9 MPa,R-B-18 为−2.8 MPa),说明采用分割法的测量结果准确可靠。H形试件翼缘与腹板交汇处空间狭小,无法使用 Whittemore 手持应变仪进行测量,因此可用静力平衡条件计算得到这些位置的残余拉应力。

3.4 残余应力测试——盲孔法

3.4.1 准备工作

盲孔法是通过在待测位置钻盲孔使得周围区域的残余应力部分释放。通过事先粘贴的应变花(图3-11)可记录平面内释放的应变,然后通过式(3-1)与式(3-2)计算该部位的残余应力:

$$\sigma_{rx} = E \cdot \frac{B^*(\varepsilon_1 + \varepsilon_3) + A^*(\varepsilon_1 - \varepsilon_3)}{4A^*B^*} - \sigma_d \qquad (3-1)$$

$$\sigma_{ry} = E \cdot \frac{B^*(\varepsilon_1 + \varepsilon_3) - A^*(\varepsilon_1 - \varepsilon_3)}{4A^*B^*} - \sigma_d \qquad (3-2)$$

式中,σ_{rx} 为试件纵向残余应力;σ_{ry} 为试件横向残余应力;ε_1 和 ε_3 分别为纵向和横向所释放的应变;σ_d 为试件表面抛光引起的附加应力,根据郑州机械研究所测定,该附加应力平均值为 -18.9 MPa;A^* 和 B^* 为释放系数,代表在规定钻孔深度下单位残余应力所释放的应变大小。

(a) TJ120-1.5-φ1.5型应变花

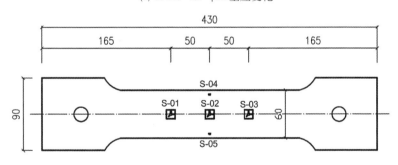

(b) 标定用试样

图 3-11　释放系数的标定

本试验采用郑州机械研究所生产的 TJ120-1.5-φ1.5 型应变花[图 3-11(a)],对应孔径为 1.5 mm,孔深 2 mm。进行盲孔法测试前,需要对该类型应变花的释放系数 A^* 和 B^* 进行试验标定。标定试件根据船舶行业标准《残余应力测试方法钻孔应变释放法》(CB 3395—92)[12]制作[图

3－11(b)]，图中应变花 S01～S03 用来获取钻孔前应变 ε_i^0 和钻孔后应变 ε_i'，应变片 S04～S06 用来检测试件是否均匀受拉。标定释放系数时对标定试件施加已知的均匀应力场 σ，测量钻孔后的各应变花释放的应变（$\varepsilon_1 = \varepsilon_1' - \varepsilon_1^0$，$\varepsilon_3 = \varepsilon_3' - \varepsilon_3^0$），然后式(3－3)与式(3－4)计算释放系数 A^* 和 B^*：

$$A^* = \frac{E(\varepsilon_1 + \varepsilon_3)}{2\sigma} \qquad (3-3)$$

$$B^* = \frac{E(\varepsilon_1 - \varepsilon_3)}{2\sigma} \qquad (3-4)$$

弹性状态下，释放系数 A^* 和 B^* 为常数。考虑钻孔后引起的应力集中，通常认为测量应力不超过 50% 的钢材屈服强度时，可应用该常数[17]。然而，近焊缝区域的残余拉应力往往都超过 50% 的材料屈服强度，若仍然使用该常数将导致测量结果偏离实际[13]。为了解决这一问题，应建立应力状态相关的释放系数 A^* 和 B^*，需要对释放系数分级标定。本试验采用了 4 级标定，施加应力场 σ 分别为 33.3%，50%，66.7% 和 100% 的钢材名义屈服强度（$\sigma_{nys} = 460$ MPa）。分级释放系数标定结果如表 3－4 所示。

表 3－4　试验标定释放系数

施加应力场/MPa	适用范围/MPa	$\dfrac{\sigma_r}{\sigma_{nys}}$	A^*	$CV(A)$	B^*	$CV(B)$
153	<230	50.0%	−0.072 86	6.3%	−0.149 5	1.5%
230	230～268	50.0%～58.3%	−0.077 53	6.1%	−0.156 1	5.8%
306	268～383	58.3%～83.3%	−0.077 84	8.6%	−0.158 7	5.7%
460	>383	83.3%～100%	−0.080 48	7.9%	−0.182 5	9.9%

3.4.2　盲孔法试验步骤

根据我国船舶行业标准《残余应力测试方法钻孔应变释放法》(CB 3395—92)[12]与美国 ASTM 规范 *Standard Test Method for Determing*

Residual Stresses by the Hole-Drilling Strain-Gage Method（E 837 – 08e1）[13]制定盲孔法试验步骤如下。

1. 清理待测区域表面

将待测部位用抛光片打磨并用丙酮清理干净。

2. 粘贴应变花

典型应变花如图 3 – 11 所示,将应变花水平片沿试件纵向粘贴。粘贴要保证应变花的完全接触与牢固黏接。应变花外层需要涂抹透明保护胶,避免试验过程中损坏。开始钻孔前应变值置零。

3. 钻孔

使用光学对中仪器精确对中,偏差不超过 0.02 mm。对中后固接对中底座,用钻头替换显微镜,进行钻孔(图 3 – 12)。孔径 1.5 mm,孔深 2 mm。

图 3 – 12　显微镜对中

4. 测量释放的应变

由于钻孔导致测点部位温度稍微升高,待温度稳定后读取释放应变值。

3.4.3　盲孔法与分割法测量结果对比

将箱形试件盲孔法测得结果与分割法结果对比(图 3 – 13)。从图中可以看出,两种方法测量结果较为接近,但存在个别测点相差较大。将试件 R – B – 8 两种测法获得的残余应力平均值进行比较(表 3 – 5),发现两种方法测得的残余压应力吻合较好,但以盲孔法测得的近焊缝区残余拉应力远大于分割法测量结果。这是因为盲孔法测得数值代表钻孔点附近较小区域释放的应变,而分割法测量值代表分割宽度内(10 mm)释放应变的平均值。当测试部位残余应力分布梯度变化较大时,点测值与分割宽度平均值将相差较大。具体表现为分割法测得残余应力分布曲线的斜率变化比盲孔法结果更为缓和,盲孔法测得残余应力最大值大于分割法所得的最大值(图 3-13)。当残余应力作为结构构件的初始缺陷在数值模型考虑时,采用分割法测量结果将更为简便和直接。

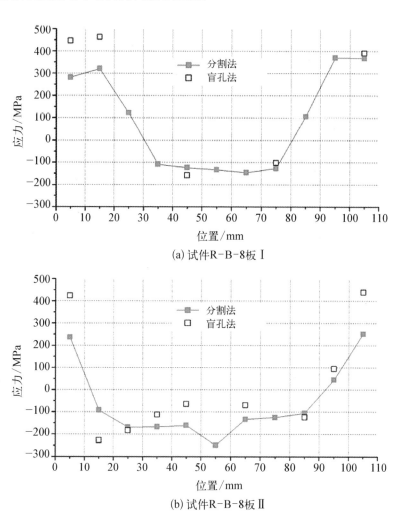

(a) 试件 R-B-8 板 Ⅰ

(b) 试件 R-B-8 板 Ⅱ

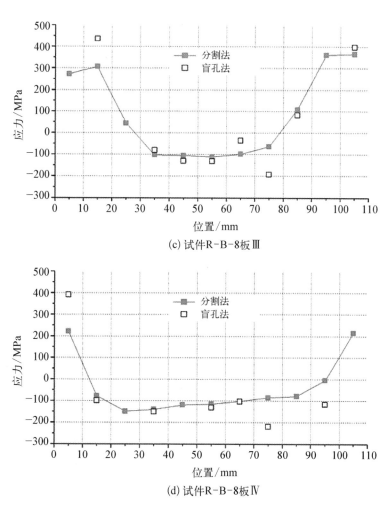

(c) 试件R-B-8板Ⅲ

(d) 试件R-B-8板Ⅳ

图 3-13　箱形试件盲孔法与分割法试验结果比较

表 3-5　试件 R-B-8 盲孔法与分割法试验结果平均值比较

测 试 方 法	残余应力值/MPa				平均值/MPa
	板Ⅰ	板Ⅱ	板Ⅲ	板Ⅳ	
盲孔法(压应力)	−130.0	−130.8	−114.5	−137.0	−128.1
分割法(压应力)	−127.5	−159.1	−104.7	−125.3	−129.1
盲孔法(拉应力)	432.7	431.2	513.5	390.6	442.0
分割法(拉应力)	334.5	244.3	326.0	218.7	280.9

同样,在 H 形试件两种测试方法结果的对比中也发现了类似的现象,如表 3-6 与图 3-14 所示。

表 3-6　试件 R-H-3 盲孔法与分割法试验结果平均值比较

测　试　方　法	上翼缘/MPa	下翼缘/MPa	腹板/MPa
分割法(压应力)	−166.5	−211.8	−76.7
盲孔法(压应力)	−125.1	−212.8	−84.1

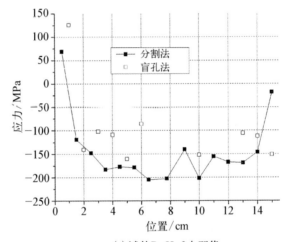

(a) 试件R-H-3上翼缘

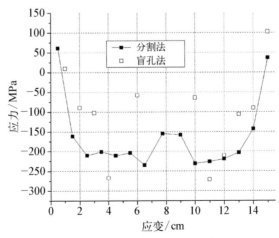

(b) 试件R-H-3下翼缘

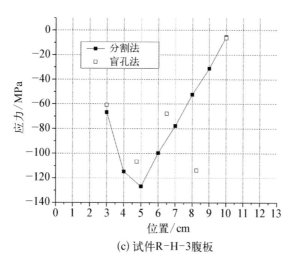

(c)试件R-H-3腹板

图 3 - 14　H 形试件盲孔法与分割法试验结果比较

3.5　简化残余应力模型

通过试验结果(图 3 - 9,图 3 - 10)可以看出,对于不同宽厚比的箱形试件与 H 形试件,各试件残余拉应力区域的宽度变化不大。箱形截面焊接边(图 3 - 2 中 Ⅰ、Ⅲ边)的残余拉应力区域宽度为 17～18 mm,箱形截面非焊接边(图 3 - 2 中 Ⅱ、Ⅳ边)的残余拉应力区域宽度为 13～14 mm。这一现象可以从焊接残余应力产生的理论分析中得到解释。焊接残余应力产生的原因为焊接过程中试件截面内温度的不均匀分布,两钢板对接焊时截面上温度上升包络值解析式为[18]:

$$T - T_0 = \sqrt{\frac{2}{\pi e}} \frac{q_w}{2tc\rho x} \qquad (3-5)$$

式中,q_w 为焊接线能量;c 为钢材比热;ρ 为钢材密度;T_0 钢板初始温度;t 为钢板厚度;x 为距离焊缝中心的距离。

由式(3-5)可以推出,当采用相同的焊接工艺(q_w)、相同钢材(c、ρ)与板厚(t)时,不同的宽厚比的焊接截面近焊缝区域的升温包络曲线相同,因此残余拉应力区域宽度也应相近。

对试验测得的 Q460 高强钢焊接箱形截面残余应力分布进行分析归纳,提出了简化的分布模型,该残余应力分布模型可以用于此类构件及结构的分析。箱形截面如图 3-15 所示,H 形截面如图 3-16 所示,其中 α 与 β 分别为残余拉应力与残余压应力与钢材实测屈服强度之比,具体比值如表 3-7 与表 3-8 所示。

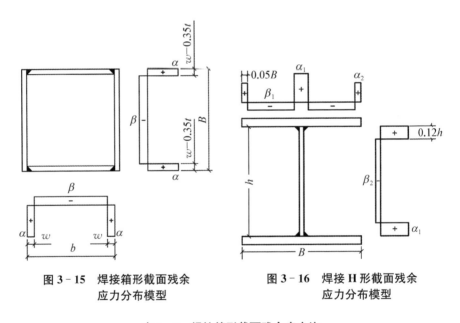

图 3-15　焊接箱形截面残余
应力分布模型

图 3-16　焊接 H 形截面残余
应力分布模型

表 3-7　焊接箱形截面残余应力比

试 件 编 号	$\alpha = \sigma_{rt}/Rp_{0.2}$	$\beta = \sigma_{rc}/Rp_{0.2}$
R-B-8	0.555(0.874)	-0.255(-0.253)
R-B-12	0.678	-0.195
R-B-18	0.787	-0.142

表 3 - 8　焊接 H 形截面残余应力比

试件编号	α_1	α_2	β_1	β_2
R - H - 3	1.039	0.080	−0.408	−0.152
R - H - 5	0.900	0.243	−0.271	−0.235
R - H - 7	0.731	0.488	−0.195	−0.131

3.6　残余应力数值模拟

3.6.1　有限元模型的建立

本节采用通用有限元分析软件 ANSYS 选取 Q460 焊接箱形试件进行了焊接残余应力有限元模拟。为合理简化模型,降低数值模拟计算量,有限元模型的建立基于以下假设:

(1)实际的焊接过程为热-应力相互耦合的过程,但焊接过程中试件的塑性变形热与相变潜热远小于焊接热量输入,因此可认为应力场不影响热场,即热-应力为单向耦合。本节基于该假设,先建立瞬态传热分析模型进行温度场预测,然后将热分析模型转化为结构静力分析模型,施加温度荷载计算焊接残余应力。

(2)箱形截面 4 条焊缝焊接顺序的先后对残余的形成有一定的影响,实测残余应力分沿截面两主轴并不完全对称。然而,主轴两侧残余应力分布差异并不显著,因此,本节假设残余应力沿两主轴对称分布,只取 1/4 截面进行分析。

(3)实际焊接中,当焊接长度超过 2 倍截面宽度后,焊接点已经形成稳定的移动热源,该范围的温度场也达到了稳定状态,并随着焊点向前移动[19]。因此,可采用线热源模型代替点热源模型,对总线残余应力的预测将不会造成显著影响。

（4）箱形试件实际焊接时，试件两端预先焊有内撑，在有限元模型中以试件一端固接代替。根据圣维南原理，这一差异在远离试件端部的截面上影响将非常微弱。

（5）焰割边与剪切边的板件，沿板件两边焊接后（H形截面腹板或箱形截面板件），板内残余应力大小与分布没有显著差异[20]。因此，模拟焰割钢板焊接箱形试件时，可不考虑火焰切割对箱形截面中残余应力的影响。

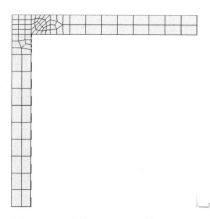

图3-17 试件R-B-18截面网格划分

热分析模型采用SOLID70热传导单元，该单元为8节点三维实体单元，可用于稳态传热与瞬态传热分析；转换为结构静力分析时，对应的结构单元为SOLID185，为8节点三维实体单元，每节点具有3个位移自由度。对试件焊缝及热影响区域进行了网格细化，试件R-B-18的网格划分如图3-17所示。

3.6.2 边界条件与加载

1. 温度场边界条件

（1）试件均夏季焊接制作，试件初始温度与环境温度均取30℃。

（2）钢材在静止空气中的换热系数为3.0×10^{-5} J/(s·mm²·℃)左右[21]，考虑焊接时有一定的空气流动和通过辐射散发到空气中的热量，统一表示为单位时间流向空气中的热量β^*，取$\beta^*=5.0\times10^{-5}$ J/(s·mm²·℃)。箱形试件内、外表面和两个端面均设定为对流换热面。

2. 温度场加载

焊接热源由焊接工艺参数确定。热量的输入以焊缝单元内部生热的形式进行加载。焊接线能量为：

$$q_{\mathrm{w}} = \frac{\eta U I}{v} \qquad (3-6)$$

式中, η 为焊接热效率, 取 0.5; U 为焊接电压; I 为焊接电流; v 为焊接速度; U、I 和 v 的取值如表 3-1 所示。

3. 应力场边界条件

基于 3.6.1 节假设(4), 试件设置为一端固定, 一端自由。

4. 应力场加载

热分析中试件各单元中 0~3 800 s 内的温度值保存于 *.rth 文件内。温度荷载按照与热分析相同的时间步进行加载, 每个时间步的温度荷载从 *.rth 文件中读取。

3.6.3　参数设定

焊接的热传导过程与热力耦合过程是复杂的非线性问题。传热分析中, 钢材的比热和热传导系数都随温度变化; 静力结构分析中, 钢材的线膨胀系数、弹性模量和屈服强度等都随着温度的升高而变化。文献[21,22]给出了高温下高强钢的比热、热传导系数和线膨胀系数, 刘兵[5]对 Q460 高强钢高温下的弹性模量和屈服强度进行了测试, 有限元分析中采用双线性随动强化模型, Q460 钢的热物理性能如表 3-9 所示。钢材密度 ρ 和泊松比 μ 随温度的变化很小, 这里取为常数, $\rho = 7.88 \times 10^{-6}$ kg/mm^3, $\mu = 0.27$。

表 3-9　Q460 高强钢的热物理性能

温度 T /(℃)	比热 c /[J・(kg・℃)$^{-1}$]	热传导系数 λ (×10^{-2}) /[J・(s・mm・℃)$^{-1}$]	线膨胀系数 α^* (×10^{-5})	弹性模量 E /(N・mm^{-2})	屈服强度 f_y /(N・mm^{-2})
20	480	5.00	1.15	208 320	557
100	500	4.50	1.20	204 550	523

温度 T /(℃)	比热 c /[J · (kg · ℃)$^{-1}$]	热传导系数 λ (×10^{-2}) /[J · (s · mm · ℃)$^{-1}$]	线膨胀系数 α^* (×10^{-5})	弹性模量 E /(N · mm^{-2})	屈服强度 f_y /(N · mm^{-2})
200	520	4.00	1.30	200 290	583
400	650	3.60	1.42	180 880	585
600	750	3.40	1.45	156 930	376
800	1 000	2.50	1.45	86 500	93
1 550	1 700	6.70	1.45	30 000	10

3.6.4　温度场分析结果

以试件 R-B-18 为例,图 3-18 显示了温度场不同时刻的计算结果。从图中可以看到试件从焊缝单元生热,试件内热传递和对流换热,到最终冷却到环境温度的变化过程。

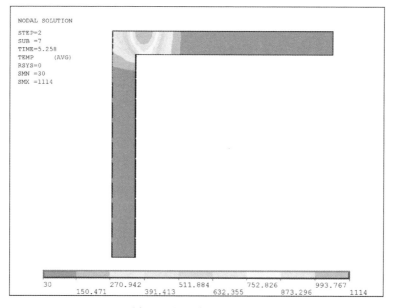

(a) 5.3 s时,$L/2$处截面

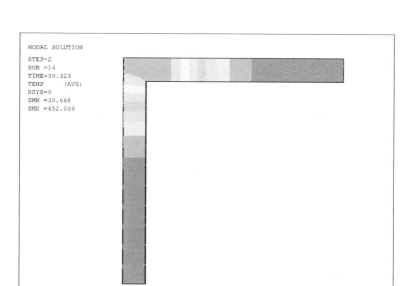

(b) 20.3 s时，$L/2$处截面

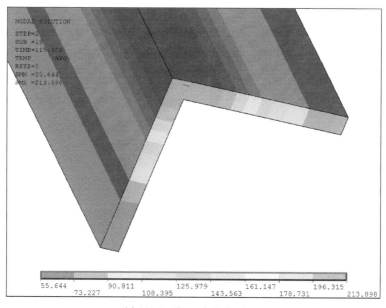

(c) 115.3 s时，$L/2$处截面

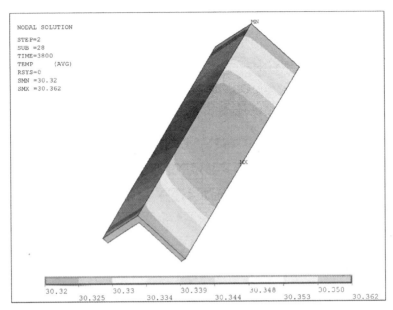

(d) 3 800 s时，*L/2*处截面

图 3‑18　试件 R‑B‑18 的温度变化

3.6.5　应力场分析结果

当时间为 3 800 s 时，试件的温度冷却到环境温度，这时试件内的残余

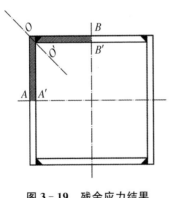

**图 3‑19　残余应力结果
提取路径**

应力已经形成并稳定下来。通过对应力场模型加载 0～3 800 s 的温度历程，求得了试件中的焊接残余应力。有限元模型取实际试件的 1/4 截面进行分析，为便于同试验结果对比，将各试件残余应力计算结果按照图 3‑19 中阴影部分路径提取，*AOB* 为外侧路径，*A′O′B′* 为内侧路径，提取的计算结果与实测结果比较如图 3‑20 所示。

由图 3‑20 可以看出，无论在残余应力分布形式、残余拉应力区域宽度和残余压应力区域宽度上,还是在残余拉应力与残余压应力的数值大小上,有限元分析结果与残余应力实测结果均吻合较好,该模型的准确性与可靠性得到了验证。因此,使用该模型进行有限元分析可以对类似的 Q460 高强钢中厚板焊接箱形截面的残余应力进行可靠的预测。

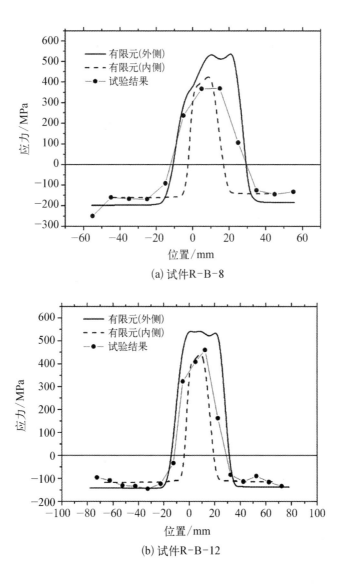

(a) 试件R-B-8

(b) 试件R-B-12

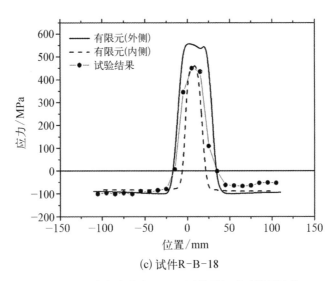

(c) 试件 R-B-18

图 3-20 残余应力有限元预测结果与试验结果比较

3.7 本章小结

（1）先后采用盲孔法与分割法测试了 Q460 高强钢焊接箱形截面与焊接焰割边 H 形截面的残余应力大小与分布，两种方法吻合较好，试验结果准确可靠。

（2）针对盲孔法释放系数，进行了分级标定。建立了应力状态相关的盲孔法释放系数。

（3）对试验结果进行分析，提出了简化的残余应力分布模型。该简化模型可以用于 Q460 高强钢基本构件的数值模拟中，作为初始缺陷考虑。

（4）建立了有限元模型对 Q460 高强钢焊接箱形截面的残余应力进行了数值模拟，预测结果与试验结果吻合较好。该模型可以对类似的 Q460 高强钢中厚板焊接箱形截面的残余应力进行可靠的预测。

第4章

焊接箱形柱轴压试验研究

4.1 概　　述

　　1967 年至 1995 年期间，Nishino[1]、Usami[2,3]、Rasmussen[4,5]等分别针对板厚为 4.5～6.6 mm 的高强钢焊接箱形柱的局部稳定、整体稳定问题进行了系列试验研究。研究结果表明考虑残余应力影响的板的屈曲理论分析结果与试验结果吻合较好，普通钢构件的板件宽厚比限制规则同样适用于高强钢焊接截面。Rasmussen 等人指出由于高强钢焊接柱的残余应力与材料屈服应力的比值小于普通钢材，因此高强钢焊接截面柱的稳定系数高于普通钢焊接截面柱。已有试验研究主要针对局部稳定问题，其试件板厚相对较薄，宽厚比较大，无法代表工程中常用的截面尺寸。较厚板件的高强钢焊接箱形柱的残余应力及极限承载力的研究在国内外文献中尚未见到报道。焊接残余应力是钢压杆极限承载力的重要影响因素，然而焊接残余应力除了受材料屈服强度影响外，还跟板厚、截面宽度、高度和宽厚比等有密切关系[6,7]。

　　为了进一步研究高强钢轴心受压构件的力学性能，考察《钢结构设计规范》(GB 50017—2003)[8]对高强钢的适用性，本章对国产 Q460 高强钢

11 mm 中厚板焊接箱形柱进行了轴压试验,并将试验结果与规范进行了比较。同时,获得的试验结果将用于验证第 5 章中建立的考虑了实测残余应力与初始几何缺陷的有限元模型与数值积分法模型的准确性。

4.2 试验概况

4.2.1 试件设计与制造

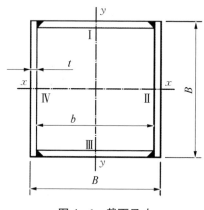

图 4-1 截面尺寸

本章试验共制作了 7 根不同长细比的 Q460 高强钢焊接箱形柱。7 根试件的名义板厚均为 11 mm,名义长度均为 3 m。柱子长细比分别为 35,50,70,除长细比为 70 的试件为 3 根,其余长细比试件各 2 根。不同的长细比以不同的截面尺寸来实现。试件所用 Q460 钢板采用火焰切割,并采用匹配的高强焊丝 ER55 - D2 焊接而成。

焊接采用气体保护焊手工焊接,试件两端 500 mm 全熔透焊接,试件其余部位为部分熔透焊接,截面形状如图 4-1 所示。为了排除局部屈曲对试件极限承载力的影响,试件截面宽厚比均满足《钢结构设计规范》(GB 50017—2003)[8]对构件局部稳定的要求。《钢结构设计规范》(GB 50017—2003)[8]与
Design of steel structures , Part 1 - 1: General rules and rules for buildings
(Eurocode3)[9]中规定,对于箱形柱轴心受压构件,其宽厚比应符合:

GB 50017—2003 $\qquad b/t \leqslant 40\sqrt{\dfrac{235}{f_y}}$ (4 - 1)

Eurocode3 3 类截面 $\qquad b/t \leqslant 42\sqrt{\dfrac{235}{f_y}}$ (4 - 2)

其中 b,t 符号如图 4-1 所示,若 f_y 取名义屈服强度 460 MPa,则我国和欧洲规范宽厚比限值分别为 28.6 和 30.0。试件设计的 3 种截面宽厚比分别为 8,12,18。宽厚比为 18 的截面可代表工程常用截面,宽厚比为 12 的截面代表实际工程中采用的宽厚比下限,宽厚比为 8 的截面用来研究一些特殊的极限情况。

焊接电流 190～195 A,焊接电压 28～30 V,平均焊接速度 2.3 mm/s。试件的制作过程中采用了优化的焊接工艺及焊接顺序以减小试件的焊接变形。加工完毕后又对柱两端各 500 mm 范围及端板焊接部位进行了火焰矫正,以减小初始挠度及调整两端端板至相互平行。试件制作完毕后实际测量尺寸列于表 4-1。试件以截面类型、宽厚比、长细比命名,例如,B-8-70-1 标示宽厚比为 8,长细比为 70 的 1 号箱形柱试件(表 4-1)。其中,B,t 含义如图 4-1 所示;L 为试件柱的净长度;L_e 为有效长度,代表试件两端铰接转动接触面间的距离;A 为箱形截面面积;I 为截面惯性矩;r 为回转半径;$\lambda = L_e/r$;λ_n 为正则化长细比;P_{cr} 为试件极限承载力。

表 4-1　实测试件几何尺寸及极限承载力

试件编号	B /mm	t /mm	L /mm	L_e /mm	A /mm²	I /cm⁴	r /mm	λ	λ_n	P_{cr} /kN	P_{cr}/ Af_y
B-8-70-1	110.3	11.40	3 000	3 320	4 505	744	40.6	81.7	1.283	1 122.5	0.493
B-8-70-2	112.0	11.49	2 940	3 260	4 618	788	41.3	78.9	1.24	1 473.5	0.631
B-8-70-3	112.0	11.41	3 000	3 320	4 591	784	41.3	80.3	1.262	1 109.0	0.478
B-12-50-1	156.5	11.43	2 940	3 260	6 633	2 341	59.4	54.9	0.862	2 591.0	0.772
B-12-50-2	156.3	11.42	2 940	3 260	6 617	2 328	59.3	55.0	0.863	2 436.5	0.728
B-18-35-1	220.2	11.46	2 940	3 260	9 565	6 970	85.4	38.2	0.600	3 774.0	0.78
B-18-35-2	220.8	11.46	2 940	3 260	9 594	7 026	85.6	38.1	0.598	4 010.0	0.826

注:为了便于识别,将试件以宽厚比、长细比冠以截面类型 B 命名。如试件 B-8-70-1,代表宽厚比为 8,长细比为 70 的 1 号箱形试件。

4.2.2 Q460 钢力学性能试验

试件加工前先对所使用的 Q460 高强钢钢板按照《国家标准钢及钢产品力学性能试验取样位置及试样制备》(GB/T 2975—1998)[10]取样制备试件(图 4-2)。单向拉伸材性试验采用同济大学力学试验室 500 kN 材料试验机加载(图 4-3)。试验方法参照《金属材料室温拉伸试验方法》(GB/T 228—2002)[11]。拉伸试验加载速率为 2 mm/min。试件受拉达到极限荷载之前,用 50 mm 引伸计测量拉伸应变;达到极限荷载之后,摘除引伸计,加载至试件拉断破坏。

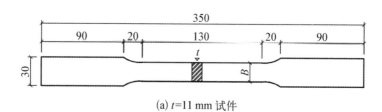

(a) t=11 mm 试件

(b) 加工后的试件

图 4-2 单向拉伸试验试件

9 根试件的钢材力学性能测试结果如表 4-2 所示,其结果平均值将用于后续数值计算。表 4-2 中 E 为弹性模量;f_y 为屈服强度,试验中采用 0.2%非比例延伸强度;f_u 为抗拉强度;δ 为断后伸长率。

图 4‑3　同济大学 500 kN 材料试验机

表 4‑2　钢材力学性能

试件编号	E /GPa	f_y /MPa	f_u /MPa	f_y/f_u	δ
C11‑1	207.8	488.1	599.4	0.814	21.11%
C11‑2	209.2	495.1	588.0	0.842	21.33%
C11‑3	207.3	508.6	597.2	0.852	21.24%
C11‑4	208.8	511.4	592.5	0.863	39.09%
C11‑5	207.4	523.9	610.2	0.859	21.70%
C11‑6	207.8	531.3	630.6	0.843	18.89%
C11‑7	206.5	512.8	582.6	0.880	22.46%
C11‑8	—	496.5	608.5	0.816	20.54%
C11‑9	—	484.2	568.9	0.851	26.66%
平均值	207.8	505.8	597.5	0.846	23.67%

4.2.3　加载制度及测点布置

本试验采用同济大学建筑结构试验室 10 000 kN 大型多功能结构试验

机系统进行加载,如图 4-4 所示。该系统竖向加载器最大推力 10 000 kN,作动器行程±300 mm。由于采用了 Q460 高强中厚板,系列试验中最大尺寸截面的 H 形柱极限承载能力预计可达到 7 500 kN。考虑到现有的刀口支座难以承受如此高的试验荷载,专门设计并制作了转动灵活、承载能力高的弧面支座(图 4-5)。试验中柱两端均使用该弧面支座,转动效果良好,达到了理想的两端铰接约束的效果。试件 B-8-70-1 与 B-8-70-3 设置为绕 y 轴转动(图 4-1),其余试件设置为绕 x 轴转动。

图 4-4 10 000 kN 大型多功能结构试验机系统

试件安装时将上下支座调平对中,并使试件的上下端板投影重合。试件安装完毕后先实施预加载,检查应变仪、位移计等监测设备的运行状况,判定位移计方向。初始偏心在加载前已经测量完毕,预加载阶段不再进行物理对中,只判断截面应力应变情况是否与初始缺陷情况相符合。各项准备工作检查无误后进行正式加载。

试件加载采用等速试验力与等速位移切换控制。预加载及小于 80% 的极限承载力预测值阶段采用等速荷载增量控制。为防止试件的突然压曲,确保试验安全稳定地进行,当试验荷载达到 80% 预测值后切换为等速

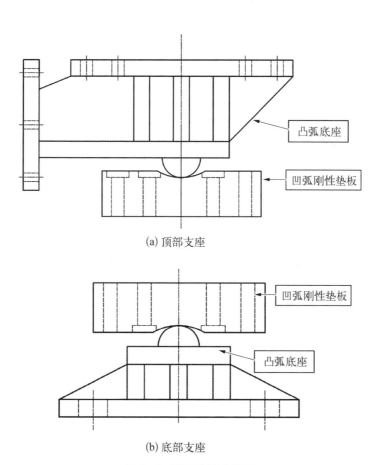

(a) 顶部支座

(b) 底部支座

图 4 - 5　弧面支座立面图

位移增量控制。试件达到极限承载力后，荷载开始下降。当荷载小于试件实测极限承载力的 60％时，认为试件已经破坏，停止加载并卸载。

试件及支座上共布置了 14 个位移计(图 4 - 6)。水平位移计 H1—H3 和 H6 布置在试件 1/2 长度处，H1—H3 用于检测试件转动平面内的挠曲变形，H6 用于检测转动平面外的挠曲变形，H7 和 H8 用于检测支座侧移。竖向位移计 V1 和 V2 用于测量试件的轴向压缩，竖向位移计 V3 和 V4 用于检测顶部支座转动变形，竖向位移计 V5 和 V6 用于检测底部支座转动变形。

试件长度 1/2 处布置了 12 片应变片，用于监测预加载、正式加载时中间截面的应力、应变状态，如图 4 - 6 所示。

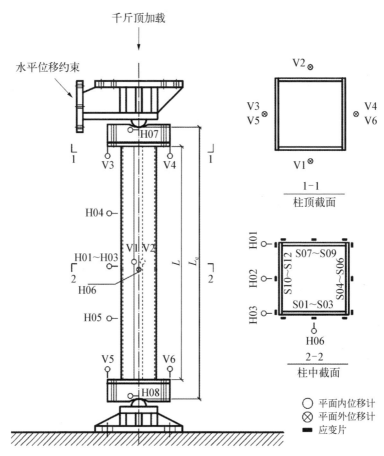

图 4 - 6 测点布置

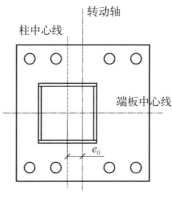

图 4 - 7 初始偏心

4.2.4 几何初始缺陷

试验安装前对每根试件的初始偏心、初始挠度都进行了测量,测量结果作为初始缺陷用于随后的有限元分析。初始偏心由试件与端板的相对位置决定,如图 4 - 7 所示。由于加工过程中不能保证柱子中心线与转动轴完全重合,两轴线的距离 e_0 即为初始偏心,测量结果列于表 4 - 3。焊接变形使加工完毕的试件产生了初始弯曲,其挠度 v_0 实际测量值列于表 4 - 3。试件的初始几何缺陷为初始偏心与初始挠度之和,为便于计算将其写成与 L_e 的比值(表 4 - 3)。

表 4 - 3　几何初始缺陷

试 件 编 号	e_0 (mm)	v_0 (mm)	$\|(e_0 + v_0)/L_e\|$ ($\times 10^{-3}$)
B - 8 - 70 - 1	0.5	−3.5	0.90
B - 8 - 70 - 2	−0.9	1.5	0.19
B - 8 - 70 - 3	−2.5	3.5	0.30
B - 12 - 50 - 1	1.9	3.0	1.50
B - 12 - 50 - 2	−1.8	−2.0	1.15
B - 18 - 35 - 1	−0.6	3.0	0.73
B - 18 - 35 - 2	1.4	2.0	1.04

4.3　试验结果及分析

4.3.1　试验现象与荷载-位移曲线

试验测得的极限承载力列于表 4 - 1,荷载-挠度曲线如图 4 - 8 所示。7 根试件均为整体失稳破坏,弯曲方向与几何初始缺陷情况吻合,失稳前后试件对比如图 4 - 9 所示。以试件 B - 12 - 50 - 1 为例,由于初始缺陷的存

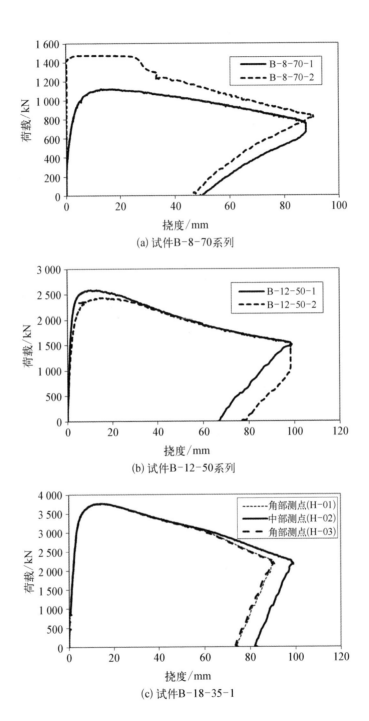

(a) 试件B-8-70系列

(b) 试件B-12-50系列

(c) 试件B-18-35-1

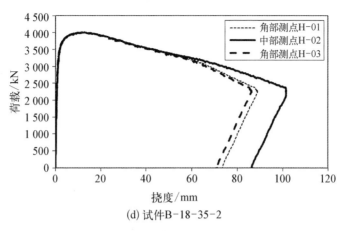

(d) 试件B-18-35-2

图 4 - 8　荷载-挠度曲线

在,试件一经加载即有微小的弯曲开展,并随荷载的增加线性增长,试件两端支座随之自由转动(图 4 - 10);当加载力接近极限荷载时挠度曲线的斜率逐渐减小,荷载-位移曲线如图 4 - 8(b)所示。试件受压达到极限承载力后即发生整体失稳,承载力逐渐下降而挠度显著增长。这时试件的弯曲已经非常明显,如图 4 - 9(b)所示。当试件承载力下降到极限承载力的 60% 时,认为试件已经破坏,卸去荷载试验结束。

初始缺陷的存在将降低试件荷载-挠度曲线的初始斜率,并减小试件的极限承载力。如图 4 - 8(a)所示,试件 B - 8 - 70 - 2 几何初始缺陷较小,其挠度曲线初始斜率接近无穷大,破坏模式接近理想弹性失稳,其极限承载力接近欧拉临界力,比试件 B - 8 - 70 - 1 的极限承载力大 31%。同样,试件 B - 12 - 50 - 1 的初始缺陷较试件 B - 12 - 50 - 2 小,因此极限承载力比试件 B - 12 - 50 - 2 大 6.3%,如图 4 - 8(b)所示。

试验中发现,名义宽厚比为 18 的试件 B - 18 - 31 - 1 与 B - 18 - 35 - 2,承载力下降到极限荷载的 80% 左右时,在 1/2 柱高处发生了局部屈曲,如图 4 - 11 所示。柱受压翼缘板向内凹陷,与转动轴垂直的两块腹板向外凸起。图 4 - 8(c)为试件 B - 18 - 35 - 1 的荷载-挠度曲线,水平位移计 H - 01 与 H - 03(图 4 - 6)布置在受压翼缘角部位移,水平位移计 H - 02 布置在受

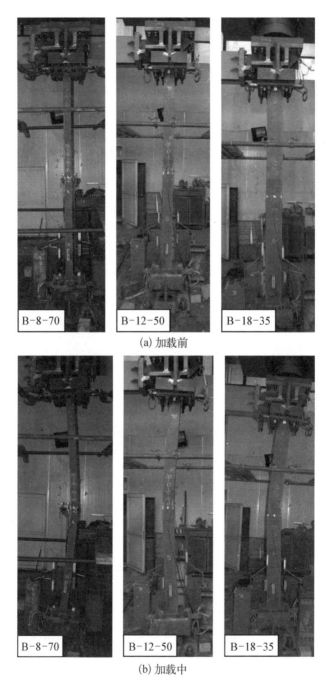

B-8-70　　B-12-50　　B-18-35

(a) 加载前

B-8-70　　B-12-50　　B-18-35

(b) 加载中

图 4-9　焊接箱形柱轴压试验

(a) 加载前

(b) 加载中

图 4‑10　支座转动位移

压翼缘中部位移。从中可以看出,荷载下降到 80% 极限承载力以后 H‑02 位移增长加速,最大比角部位移多 8.65 mm。同样的现象也可以在图 4‑8(d) 试件 B‑18‑35‑2 中看到。另外还可以看出,试件发生局部失稳后下降段斜率发生变化,承载能力退化变快。

　　竖向位移计 V1 和 V2 记录了试件加载过程中的轴向压缩,采用两者平均值绘制荷载‑轴向压缩曲线(图 4‑12)。图 4‑12 中各试件长度相等,截面尺寸较小的 B‑8‑70‑1 与 B‑8‑70‑2 抗压刚度 EA 较小,加载段斜率较低,到达极限荷载前基本保持线性状态,较接近弹性失稳;截面尺寸较大的 B‑18‑35‑1 与 B‑18‑35‑2 抗压刚度 EA 较大,加载段斜率较高,到达极限荷载前已进入非线性状态,极限荷载更接近截面强度。

(a) 试件 B-18-35-1

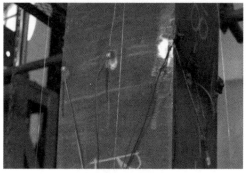

(b) 试件 B-18-35-2

图 4-11 试件整体失稳后的局部屈曲

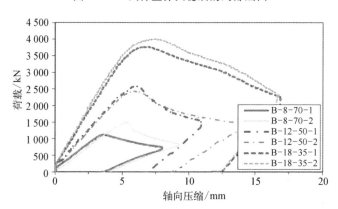

图 4-12 荷载-轴向压缩曲线

4.3.2 荷载-应变曲线

试件长度 1/2 截面处布置了 12 片应变片(图 4-6),以检测加载过程中该关键截面的应变和应力状态。这里选取典型试件的荷载-应变曲线绘于图 4-13,其中,应变片 S02 和 S08 为截面中心测点,应变片 S04 和 S06 为截面右边缘测点,应变片 S10 和 S12 为截面左边缘测点。从图 4-13(a)—(c)可以看出,开始加载初始阶段,中截面不同位置的应变相同,体现为轴压状态;由于试件不可避免的具有初始几何缺陷(小于 1/1 000 柱长),随着荷载的逐渐增加截面不同位置的应变差异变大,体现为压弯状态。试件 B-8-70-1 为左侧受拉右侧受压,试件 B-12-50-1 和 B-18-35-1 为右侧受拉左侧受拉,与初始几何缺陷情况吻合。

对比图 4-13(a)、(b)和(c)中不同试件可以看出:截面尺寸小、长细比较大的试件 B-8-70-1 达到极限荷载时,受压翼缘尚未达到屈服应变 f_y/E,截面中心应变达到屈服应变的 50.6%,试件趋于弹性失稳破坏;而截面尺寸较大、长细比较小的试件 B-18-35-1 达到极限荷载的 89.7%时,

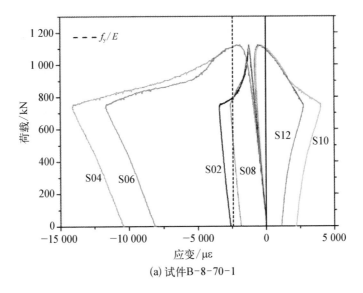

(a) 试件 B-8-70-1

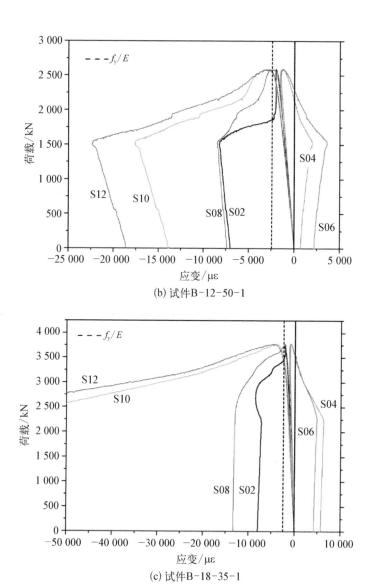

(b) 试件 B-12-50-1

(c) 试件 B-18-35-1

图 4-13 荷载-应变曲线

受压翼缘已经屈服,达到极限荷载时,截面中心应变接近屈服应变,试件趋于强度破坏;试件 B-12-50-1 截面尺寸与长细比位于前两者之间,表现为典型的弹塑性失稳,长细比处于这一范围的试件受几何缺陷与残余应力影响最为显著。

4.4　试验结果与现有规范对比

4.4.1　规范简介

1.《钢结构设计规范》(GB 50017—2003)

根据我国《钢结构设计规范》(GB 50017—2003)[8]规定,受压构件的设计承载力为:

$$N = \frac{\varphi A f_y}{\gamma_R} \qquad (4-3)$$

式中,γ_R 为抗力分项系数;φ 为稳定系数。

当 $\lambda_n \leqslant 0.215$ 时 $\qquad \varphi = 1 - a_1 \lambda_n^2 \qquad (4-4)$

当 $\lambda_n > 0.215$ 时

$$\varphi = \frac{1}{2\lambda_n^2}\left[(a_2 + a_3\lambda_n + \lambda_n^2) - \sqrt{(a_2 + a_3\lambda_n + \lambda_n^2)^2 - 4\lambda_n^2}\right] \qquad (4-5)$$

式中,λ_n 为正则化长细比;a_1,a_2 和 a_3 为系数,根据不同的截面分类(a 类,b 类和 c 类)取值。

2. *Design of steel structures*, *Part 1-1: General rules and rules for buildings*(Eurocode3)

根据欧洲规范 Eurocode3[9],受压构件的设计承载力为:

$$N_{b,Rd} = \frac{\chi A f_y}{\gamma_{M1}} \qquad (4-6)$$

式中,γ_{M1} 为分项系数;χ 为柱子的稳定系数。

当 $\lambda_n \leqslant 0.2$ 时 $\qquad \chi = 1 \qquad (4-7)$

当 $\lambda_n > 0.2$ 时 $\qquad \chi = \dfrac{1}{\Phi + \sqrt{\Phi^2 - \lambda_n^2}} \qquad (4-8)$

式(4-8)中,

$$\Phi = 0.5[1 + \alpha(\lambda_n - 0.2) + \lambda_n^2]\qquad(4-9)$$

其中与初始缺陷相关的系数 α 应根据柱子曲线的分类进行取值(a_0,a, b,c 和 d)。

由于试验数据较少,基于现有的试验难以进行和得出具有说服力的可靠度分析。因此,本节中将试验数据与规范预测结果对比时,材料性能均采用实测数据以代替名义屈服强度,材料(抗力)分享系数均取为 1.0。

4.4.2 试验与《钢结构设计规范》(GB 50017—2003)预测结果的比较

将试验结果转化为无量纲数值,以正则化长细比为横轴,以稳定系数为纵轴,绘于图 4-14,与我国现行《钢结构设计规范》(GB 50017—2003)[8]中 a 类,b 类,c 类柱子曲线及欧拉曲线进行比较。我国现行《钢结构设计规范》(GB 50017—2003)[8]规定对宽厚比不大于 20 的焊接箱形柱稳定系数适用于

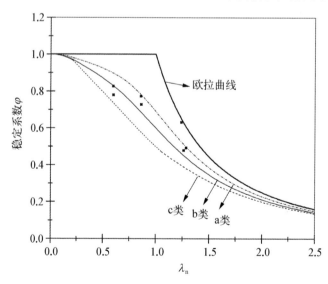

图 4-14 试验结果与 GB 50017—2003 的比较

c类截面柱子曲线,宽厚比大于20的焊接箱形柱适用于b类截面柱子曲线。B-8-70,B-12-50,B-18-35三种截面的板件宽厚比均小于20,按照规范截面类型划分属于c类。从图4-14可以看出,所有试件的稳定系数均高于c类柱子曲线,而且除B-18-35系列1个试件外,其余6个试件稳定系数均不低于b类曲线。因此,可以看出该规定对Q460高强钢焊接箱形柱偏保守。若以该试验结果的平均值曲线做代表,b类截面柱曲线更为接近,因此规范关于宽厚比不大于20的焊接箱形截面规定应针对高强钢构件进行修改。但是限于试验数量较少,该结论需要更多的数值分析以进一步验证。

4.4.3 试验与欧洲规范(Eurocode3)预测结果的比较

欧洲规范与我国规范相似,针对不同截面类型划分了多条柱子曲线。Eurocode3[9]中规定,焊接箱形截面当宽厚比小于30时应采用c类屈服曲线设计,当宽厚比不小于30时,应采用b类屈服曲线设计。对于名义屈服强度为460 MPa的Q460高强钢而言,Eurocode3中的3类截面宽厚比限值为30.0,因此Q460高强钢焊接箱形柱应采用c类曲线进行设计。图4-15显

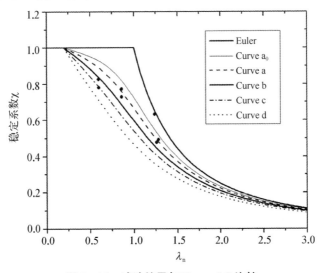

图4-15 试验结果与Eurocode3比较

示了本章试验结果与 Eurocode3 预测结果的比较,图中 χ 为稳定系数,λ$_n$ 为正则化长细比。

由对比结果可以看出,所有试件的稳定系数均高于 c 类柱子曲线,而且除 B-18-35 系列两个试件外,其余 5 个试件稳定系数均高于 b 类曲线,表明现有 Eurocode3 中的 c 类曲线对于高强钢焊接箱形柱偏保守。

4.5 本 章 小 结

(1) 由试验结果可以看出,现行规范对宽厚比不大于 20 的焊接箱形柱稳定系数采用 c 类截面柱曲线的规定,对 Q460 高强钢焊接箱形柱偏保守;但能否采用 b 类柱曲线,或者取消对焊接箱形截面宽厚比是否大于 20 的分类,仍有待更多数值分析的进一步验证。

(2) 组成板件厚度大于 40 mm 的焊接箱形构件,其残余应力分布沿板厚方向的变化不可忽视。由于板件的厚度对残余应力的影响较大,对板厚大于 40 mm 的特厚板焊接残余应力分布及其对高强钢轴心受压构件极限承载力的影响有待进一步的研究。

第5章

焊接箱形柱的参数分析与设计建议

5.1 概　　述

第 4 章对国产 Q460 高强钢焊接箱形柱的轴心受压极限承载力进行了试验研究,以 Q460 高强钢中厚板制作了 3 种不同截面的 7 根试件进行了轴压试验,试验结果表明 Q460 高强钢中厚板焊接箱形柱稳定系数高于我国《钢结构设计规范》(GB 50017—2003)中的 c 类柱子曲线,当长细比较大时高于 b 类柱子曲线。由于试验数据有限,无法考虑不同截面尺寸(残余应力分布)与长细比的组合,因此需要建立准确可靠的数值模型,针对影响轴压构件极限承载力的主要参数进行更为广泛的数值分析以弥补试验数据较少的不足。

本章首先采用数值积分法与有限单元法对第 4 章 Q460 高强钢焊接箱形柱的轴心受压极限承载试验进行数值模拟,数值模型考虑了残余应力与初始几何缺陷,并将数值结果与试验结果比较验证。随后,分别采用数值积分法与有限单元法对 Q460 高强钢焊接箱形柱的轴心受压极限承载力进行参数分析,比较了两种不同数值分析方法的计算结果,并分析了初始几何缺陷、残余应力、柱截面宽厚比和柱长细比等参数对柱极限承载力的影响。最后,将参数分析结果与现有规范进行比较并提出设计建议。

5.2 数值模型的建立

5.2.1 数值积分法

图 5-1 所示为双轴对称截面柱平面内受压失稳分析简图,其几何非线性弹性微分方程为:

$$EIy'' + P[y + e_0 + v_0(z)] = 0 \qquad (5-1)$$

式中,E 为弹性模量;I 为截面惯性矩;y 为挠度;P 为轴向力;e_0 为初始偏心;$v_0(z)$ 为初始挠度;z 为柱轴向坐标。

通过几何边界条件与自然边界条件可以求得弹性失稳的解析解。但是实际中的压杆失稳常常是弹塑性失稳,同时还要考虑杆件焊接制造过程中所产生残余应力的影响,因此实际压杆的微分方程为变系数微分方程,无法得到解析解。

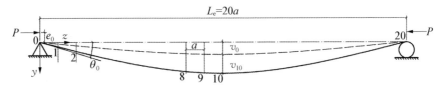

图 5-1 受压柱的挠曲线

数值积分法是求解微分方程的常用方法。当用数值积分法求解压杆稳定边界值问题时,可以通过不断修正假设的初始值以取得满足边界条件的解答。具体的求解过程沈祖炎等在文献[1]中已有介绍,这里不再详细叙述。笔者根据文献[1]所述方法编制了数值积分法的电算程序对 7 根轴压箱形试件进行计算。该计算程序可以考虑任意的残余应力分布,初始偏心和初始弯曲,应力-应变关系可根据需要定义为双线性或多线性。

1. 构件分段及截面单元划分

数值积分法求解稳定问题有多种分段插值函数可供选择,本书采用了常用的泰勒级数作为分段插值函数。计算时需将长度为 L_e 的试件划分为等长或不等长的若干段,依次以上段已知量计算下段未知量。如将试件平均划分为 m 段,则每段长度为 a:

$$a = \frac{L_e}{m} \tag{5-2}$$

由泰勒级数展开式可得节点 $n(2 \leqslant n \leqslant m+1)$ 处的挠度与转角表达式为:

$$v_n = v_{n-1} + a\theta_{n-1} - \frac{a^2}{2}\Phi_{n-0.5} \tag{5-3}$$

$$\theta_n = \theta_{n-1} - a\Phi_{n-0.5} \tag{5-4}$$

式中,v_n 为 n 点挠度;θ_n 为 n 点转角;$\Phi_{n-0.5}$ 为 n 与 $n-1$ 段中点处曲率。

通过不同分段数试算发现,当 $n=20$ 时由试件划分段数而产生的误差已小于 0.05%。因此后文中数值积分法分析均采用 20 段等长度划分试件,如图 5-1 所示。

分段后需计算每段中点截面 $n-0.5$ 处内力以检验是否与外加荷载平衡。数值分析中需要将每个截面划分为 k 个单元,对所有 k 个单元以求和来代替积分计算轴力与弯矩,其表达式分别为:

$$\int_A \sigma_i \mathrm{d}A = \sum_{i=1}^{k} \sigma_i A_i \tag{5-5}$$

$$\int_A \sigma_i y_i \mathrm{d}A = \sum_{i=1}^{k} \sigma_i y_i A_i \tag{5-6}$$

式中,A_i 为单元 i 的面积;y_i 为单元 i 形心点的 y 坐标;σ_i 为单元 i 的平均应力。

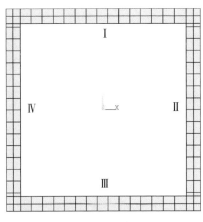

图 5-2 数值积分法截面单元划分

通过不同精度网格划分的截面试算,得出以图 5-2 所示截面网格划分可以满足计算精度要求。为了便于施加初始残余应力,数值积分法分析在采用图 5-2 所示网格划分同时,还需参照残余应力分布规律对截面进一步划分。截面划分后将各单元面积 A_i 与单元形心坐标 x_i, y_i 储存于单元信息矩阵以备调用。

2. 材料模型

根据表 4-2 中与轴心受压试件相对应的 Q460 钢板材性试验结果,分别建立了考虑应变强化效应与忽略应变强化效应的双折线弹塑性材料模型。经试算发现采用理想弹塑性双折线模型的计算结果与采用考虑了应变强化效应的双折线模型结果相差小于 0.1%。因此数值分析中可采用理想的弹塑性材料模型,如图 5-3 所示。

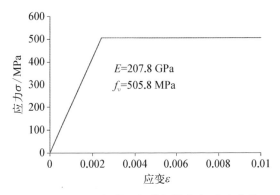

E=207.8 GPa
f_v=505.8 MPa

图 5-3 Q460 钢的理想弹塑性应力-应变曲线

3. 初始缺陷

初始偏心与初始挠度作为几何初始缺陷对轴压柱极限承载力和荷载-挠度曲线都有显著的影响。第 4 章在试验前测量了所有试件的初始偏心

与初始挠度,这里重新列于表 5-1。表 5-1 中 e_0 为初始偏心, v_0 为柱 1/2
处初始挠度。本章在验证数值模型中均按照实测值考虑初始几何缺陷。

表 5-1　几何初始缺陷

试 件 编 号	e_0 /mm	v_0 /mm	$\lvert (e_0+v_0)/L_e \rvert$ (×10⁻³)
B-8-70-1	0.5	−3.5	0.90
B-8-70-2	−0.9	1.5	0.19
B-8-70-3	−2.5	3.5	0.30
B-12-50-1	1.9	3.0	1.50
B-12-50-2	−1.8	−2.0	1.15
B-18-35-1	−0.6	3.0	0.73
B-18-35-2	1.4	2.0	1.04

残余应力作为另一种类型的初始
缺陷,与内力叠加后使部分截面提前屈
服,导致整体失稳提前发生而降低了柱
子的极限承载力。虽然箱形截面绕双
轴均对称,但由于四条焊缝施焊顺序不
同,残余应力的实际分布往往是不对称
的。第 3 章中测试了与轴压试件对应
的三个不同尺寸截面的残余应力分布,
并给出了简化的残余应力分布模型,这
里重绘于图 5-4。图 5-4 中 α 为残余
拉应力 σ_{rt} 与材料屈服强度 f_y 比值,W

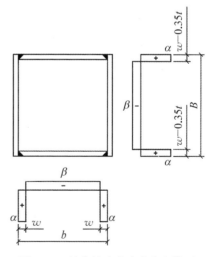

图 5-4　简化的残余应力分布模型

为较窄板件 I 和 III 中的残余拉应力区宽度,$W-0.35t$ 为较宽板件 II 和 IV
中的残余拉应力区宽度,β 为残余压应力 σ_{rc} 与材料屈服强度 f_y 比值,不同
截面对应的 α 和 β 列于表 5-2。

表 5‑2　残余应力比

试 件 编 号	$\alpha=\sigma_{rt}/f_y$	$\beta=\sigma_{rc}/f_y$
R‑B‑8	0.555	−0.255
R‑B‑12	0.678	−0.195
R‑B‑18	0.787	−0.142

4. 平衡方程与边界条件

应用数值积分法求解时,平衡方程转化为内外轴力与弯矩的平衡:

$$P = \sum_{i=1}^{m} \sigma_i A_i \tag{5-7}$$

$$P\big[y + e_0 + v_0(z)\big] = \sum_{i=1}^{m} \sigma_i y_i A_i \tag{5-8}$$

式(5‑7)和式(5‑8)中 σ_i 为单元 i 的应力,由相应的 ε_i 按材料本构关系取得:

$$\varepsilon_i = \varepsilon_{n-0.5} - y_i \Phi_{n-0.5} + \frac{\sigma_{ri}}{E} \tag{5-9}$$

式(5‑9)中等号后第一项 $\varepsilon_{n-0.5}$ 为第 $n-1$ 到 n 段的中点截面上由轴力 P 产生的平均应变,第二项 $y_i\Phi_{n-0.5}$ 为弯曲产生的应变,第三项为残余应力 σ_{ri} 对应的残余应变。

式(5‑7)—式(5‑9)中未知量为每个分段中截面处的平均应变 $\varepsilon_{n-0.5}$ 和曲率 $\Phi_{n-0.5}$。计算中通过不断调整 $\varepsilon_{n-0.5}$ 以满足式(5‑7)得到正确解答;同样地,找到能满足式(5‑8)的 $\Phi_{n-0.5}$ 为正确解答。

由于对称特性,边界条件采用柱中点截面转角为 0,即 $\theta_{10}=0$。数值积分法中即转化为通过不断的修正 θ_0 假设值以满足 $\theta_{10}=0$。

电算程序中,先选用较小的外加荷载 P 开始计算,然后逐步增加。当增加了荷载 ΔP 后计算无法收敛时,退回到上一步荷载 P 并减小荷载增量

ΔP 继续尝试计算。直到 $\Delta P / P < 1.0 \times 10^{-4}$ 时,认为能够收敛的最后一个 P 值即试件的极限承载力。下降阶段采用逆算法计算,逐步增大 θ_0,通过不断修正假设荷载值 P 以满足 $\theta_{10} = 0$。求解过程中每一增量步的挠度、荷载、应力、应变与转角等信息均被保存到结果文件中,可以用来绘制荷载-变形图或查看相应的应力、应变状态。

5.2.2　有限单元法

有限元分析使用通用有限元软件 ANSYS。柱子采用 3-D 线性梁单元 BEAM188,沿长度方向划分为 40 个等长单元,柱截面采用自定义划分网格。截面自定义网格以 PLANE82 单元进行划分,划分结果存为自定义截面信息文件供 BEAM188 梁单元读入。因 PLANE82 为采用 3 次插值函数的 8 节点高阶四边形单元,在保证同等计算精度的条件下可以使用相对较少的单元数划分截面。有限元法截面单元划分如图 5-5 所示。采用 Mises 屈服准则和双线性随动强化 BKIN 模型模拟理想弹塑性钢材本构

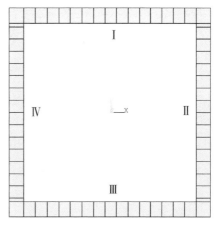

图 5-5　有限元法截面单元划分

关系,材料模型参数同数值积分法所述。几何初始缺陷取表 5-1 中实测初始偏心与初始弯曲之和,以对应的失稳模态形式写入初始模型。残余应力同样采用图 5-4 的简化残余应力分布模型生成初始残余应力文件,在分析时截面每个单元上四个积分点从初始文件中读取相同的残余应力值。

进行有限元分析时,先采用力加载,打开自动时间步求解试件的极限承载力;然后切换为位移加载,打开弧长法以求解包含下降段的荷载-变形曲线。

5.3 数值模型的验证

5.3.1 极限承载力结果的比较

极限承载力是考察高强钢焊接箱形柱受压性能的重要指标。采用考虑了初始缺陷的数值积分法和有限单元法对试件的极限承载能力进行了预测,计算结果列于表 5-3。

表 5-3 数值分析结果与试验结果比较

试 件 编 号	试验值 /kN	数值积分 /kN	有限元 /kN	数值积分/ 试验值	有限元/ 试验值
B-8-70-1	1 122.5	1 104.7	1 132.4	0.98	1.01
B-8-70-2	1 473.5	1 383.6	1 398.1	0.94	0.95
B-8-70-3	1 109.0	1 292.5	1 274.1	1.17	1.15
B-12-50-1	2 591.0	2 303.0	2 266.8	0.89	0.87
B-12-50-2	2 436.5	2 359.5	2 400.9	0.97	0.99
B-18-35-1	3 774.0	4 130.3	3 964.2	1.09	1.05
B-18-35-2	4 010.0	4 127.1	4 127.4	1.03	1.03
平均值	—	—	—	1.01	1.01
方 差	—	—	—	0.09	0.09

为了验证两种数值方法的准确性,将两组预测值分别与试验结果比较,其比值列于表 5-3。数值积分法所预测的受压极限承载与试验测得的最大荷载在不同长细比范围(35~70)均较为接近,其预测值平均大于试验值 1%,方差为 9%。有限单元法预测值与数值积分法结果非常接近,相差最大的为试件 B-18-35-1,相差 5%。两种数值方法与试验结果比值的

平均值和方差相同,分别为 1.01 和 0.09。由此可以认为考虑了初始缺陷的数值积分法与有限单元法均可以准确地预测 Q460 高强钢焊接箱形柱的极限承载力。

5.3.2　荷载-挠度曲线的比较

　　试件的荷载-挠度曲线不仅包含极限承载力信息,还显示了柱子在压弯变形过程中刚度的变化和柱子屈曲后的受力性能。通过荷载-挠度曲线可以更为全面地考察试件的受压力学性能。为进一步验证数值积分法与有限单元法的准确性,将两种数值方法预测的荷载-挠度曲线与试验测得的曲线绘制于同一图中进行比较,长细比为 70,50 和 35 的 3 种试件分别如图 5-6—图 5-8 所示。从图 5-6—图 5-8 可以看出,数值积分法所预测荷载-挠度曲线与试验测得曲线具有相同的形状和路径。虽然荷载-挠度曲线的加载段斜率对于初始缺陷非常敏感,但是通过采用准确测量的初始挠度与初始偏心,考虑合理的残余应力分布模型,运用数值积分法仍然可以获得精确的近似解。采用数值积分逆算法计算,获得试件整体失稳后卸

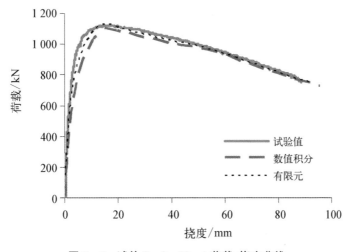

图 5-6　试件 B-8-70-1 荷载-挠度曲线

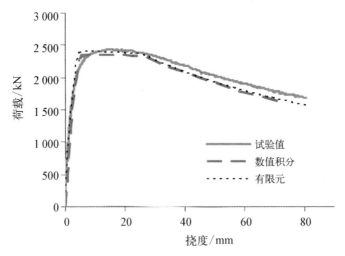

图 5‑7　试件 B‑12‑50‑2 荷载‑挠度曲线

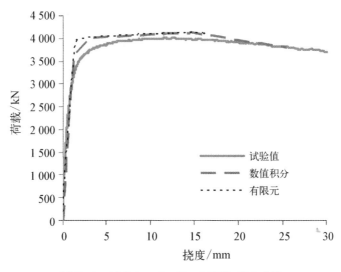

图 5‑8　试件 B‑18‑35‑2 荷载‑挠度曲线

载段的预测值也与试验结果吻合较好。考虑初始缺陷的有限元分析结果曲线与数值积分法曲线几乎重叠，因此可以认为这两种数值方法均可以准确地预测 Q460 高强钢焊接箱形构件的轴心受压力学行为。

5.3.3　简化残余应力分布模型的验证

为了考察简化的残余应力分布模型与实际残余应力分布对稳定分析结果的影响是否有差异,将采用简化模型的有限元结果与采用实测分布的有限元结果进行了对比,列于表 5-4。表 5-4 中实测分布结果 A 和 B 为考虑图 3-9 中实测残余应力值分布的有限元计算结果,简化模型为本章采用简化的残余应力分布模型的分析结果。

表 5-4　简化模型分析结果与实测分布分析结果比较

试 件 编 号	简化模型/ 试验值	实测分布 A/ 试验值	实测分布 B/ 试验值
B-8-70-1	1.01	1.04	1.00
B-8-70-2	0.95	0.99	0.99
B-8-70-3	1.15	1.19	1.07
B-12-50-1	0.87	0.94	0.91
B-12-50-2	0.99	1.02	1.35
B-18-35-1	1.05	1.10	1.12
B-18-35-2	1.03	1.03	1.05
平均值	1.01	1.04	1.07
方　差	0.09	0.08	0.14

实测残余应力绕截面 x 轴与 y 轴均不对称,因此采用实测残余应力分布分析需考虑与初始几何缺陷的两种不同组合。实测分布 A 对应试件弯曲变形时 I 边受压(试件 B-8-70-1 与 B-8-70-3 为 II 边受压);实测分布 B 对应试件弯曲变形时 III 边受压(试件 B-8-70-1 与 B-8-70-3 为 IV 边受压)。这将产生两种情况:

(1) 初始几何缺陷与残余应力以相反的方向影响试件的弯曲。当两者影响程度较为接近时,两者影响效应将相互抵消以延缓弯曲的开展,使得试件中截面更接近于均匀受压,提高柱子的极限承载力。

(2) 初始几何缺陷与残余应力以相同的方向影响试件的弯曲。两者影响效应将相互叠加加速弯曲的开展,使得试件更早发生整体失稳,降低柱子的极限承载力。

当采用绕截面双轴对称的简化残余应力分布模型进行分析时,所得结果既可能是情况 1,也可能是情况 2。若组合情况与实际相符,则可得出准确的结果,如试件 B-12-50-2(图 5-7)。若组合情况与实际相反,则分析结果与试验结果相差较大,如试件 B-8-70-3 与 B-12-50-1。试件 B-8-70-3 采用简化模型后为情况 1,极限承载力预测值大于试验结果,参考图 5-9 中荷载-挠度曲线上升段斜率与表 5-4 简化模型预测与实测极限承载力比值。试件 B-8-70-3 的加载过程中,位移计所连接的计算机出现了无响应状态,但试件已经进入非线性阶段。在保持加载的情况下采取了重置措施,然后继续采集位移变化,造成图 5-9 中的试验曲线并不完整。试件 B-12-50-1 采用简化模型后为情况 2,极限承载力预测值小于试验结果,荷载-挠度曲线如图 5-10 所示。

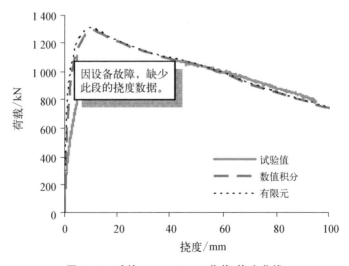

图 5-9　试件 B-8-70-3 荷载-挠度曲线

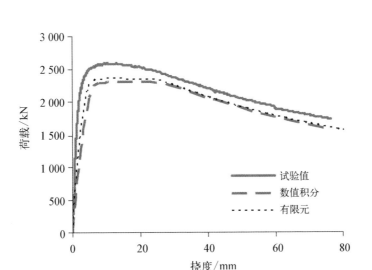

图 5‑10 试件 B‑12‑50‑1 荷载‑挠度曲线

虽然采用残余应力简化模型分析会造成个别试件预测值与试验值相差较大,但是总体上可以得到满意的结果。以简化模型分析预测的极限承载力总体接近于试验结果,平均大于试验值1%;与采用实测残余应力分布相比较为保守,平均小于实测分布 A 和 B 分别为 3% 和 6%。由于采用简化的残余应力分布模型进行压杆的受力性能分析只对特殊情况下的个别试件产生影响,因此可以用简化模型代替实测模型进行数值分析。

5.4 参 数 分 析

5.4.1 主要参数

参数分析共计算了 65 根轴心受压柱的极限承载力。所分析试件的宽厚比 b/t 为 7.8~17.2,共 5 种不同截面;长细比 λ_x 为 10~130,共 13 个不同长细比。试件的截面形状与几何尺寸如图 5‑11 与表 5‑5 所示。表 5‑5 截面编号中 B 代表箱形截面,其后数字为截面宽厚比。柱长度均取 $L_e = r_x \times \lambda_x$。

表 5 - 5　试件几何尺寸

截面编号	B/mm	t/mm	b/mm	b/t	A/mm²	I_x/cm⁴	r_x/mm
B - 8	112	11.44	89.12	7.8	4 602	786	41.3
B - 10	136	11.44	113.12	9.9	5 700	1 486	51.1
B - 12	156	11.44	133.12	11.6	6 615	2 318	59.2
B - 15	194	11.44	171.12	15.0	8 354	4 659	74.7
B - 18	220	11.44	197.12	17.2	9 544	6 940	85.3

注：B 为板宽，t 为板厚，b 为板净宽，b/t 为宽厚比，A 为截面面积，I_x 为截面绕 x 轴惯性矩，r_x 为截面绕 x 轴回转半径。

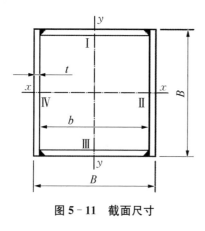

图 5 - 11　截面尺寸

截面绕 x 轴与 y 轴均对称。

参数分析中，模型几何初始缺陷采用与李开禧[2]等计算钢压杆柱子曲线相同的假设，考虑 1/1 000 柱长的初始弯曲。残余应力模型采用图 5 - 4 给出的 Q460 钢简化残余应力分布模型。为了得到截面 B - 10 与 B - 15 的残余应力分布，用二次多项式分别对 α 与 β 进行拟合，得到了 11 mm 厚 Q460 钢板的残余应力比计算式，其适用范围为 $7.8 \leqslant b/t \leqslant 17.2$（图 5 - 12，图 5 - 13）。

5.4.2　计算结果

将参数分析试件按照截面宽厚比分为 5 组，分别为 B - 8，B - 10，B - 12，B - 15 和 B - 18，对应的宽厚比分别为 7.8，9.9，11.6，15.0 和 17.2。每组截面通过变化柱长得到长细比从 10～130 共 13 个试件。采用前文所述参数建立绕 x 轴弯曲的有限元分析模型与数值积分法模型进

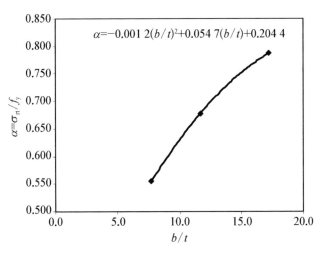

图 5 - 12　残余拉应力比 *α* 的拟合公式

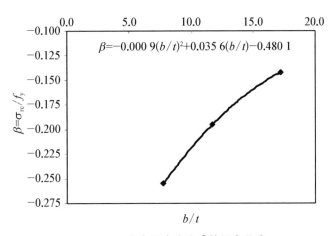

图 5 - 13　残余压应力比 *β* 的拟合公式

行分析,计算结果列于表 5 - 6。其中 λ_n 为正则化长细比, $\lambda_n = \dfrac{\lambda_x}{\pi}\sqrt{\dfrac{f_y}{E}}$, φ_x 为绕 x 轴的稳定系数。从表 5 - 6 中可以看出,考虑相同初始缺陷的有限单元法与数值积分法所得计算结果吻合较好,其中 52 个试件结果相差小于 0.5%,另外长细比较小的 13 个试件相差大于 0.5%,最大相差为 3.7%。

表 5-6　Q460 钢焊接箱形柱绕 x 轴稳定系数

λ_x	λ_n	有限单元法 φ_x					数值积分法 φ_x				
		B-8	B-10	B-12	B-15	B-22	B-8	B-10	B-12	B-15	B-22
10	0.157	0.993	0.993	1.000	0.994	0.994	0.979	0.980	0.980	0.980	0.980
20	0.314	0.983	0.979	0.980	0.977	0.975	0.961	0.962	0.963	0.964	0.965
30	0.471	0.959	0.948	0.912	0.911	0.907	0.944	0.947	0.936	0.910	0.906
40	0.628	0.878	0.856	0.848	0.839	0.837	0.877	0.856	0.848	0.839	0.837
50	0.785	0.781	0.766	0.761	0.772	0.783	0.781	0.768	0.761	0.773	0.782
60	0.942	0.656	0.680	0.693	0.709	0.721	0.680	0.682	0.694	0.710	0.718
70	1.099	0.594	0.603	0.613	0.625	0.631	0.595	0.604	0.613	0.624	0.629
80	1.256	0.509	0.514	0.520	0.528	0.531	0.509	0.515	0.520	0.527	0.530
90	1.413	0.428	0.431	0.435	0.439	0.440	0.428	0.431	0.435	0.439	0.440
100	1.570	0.359	0.361	0.363	0.366	0.367	0.359	0.361	0.363	0.366	0.367
110	1.727	0.304	0.305	0.306	0.308	0.308	0.303	0.305	0.307	0.308	0.308
120	1.885	0.259	0.260	0.261	0.260	0.259	0.259	0.260	0.261	0.261	0.260
130	2.042	0.223	0.224	0.224	0.222	0.221	0.223	0.224	0.224	0.222	0.221

5.4.3　弯曲方向的影响

　　残余应力分布绕 x 轴与 y 轴均对称,因此绕某一对称轴弯曲失稳时,无论是顺时针弯曲或是逆时针弯曲,稳定系数均相同。然而残余应力在平行于 x 轴的Ⅰ/Ⅲ边和平行于 y 轴的Ⅱ/Ⅳ边上的分布并不相同,因此对于绕 x 轴和 y 轴失稳的情况应加以区分。将数值积分法分析所得 Q460 钢焊接箱形柱绕 y 轴弯曲稳定系数与绕 x 轴弯曲稳定系数相比较,列于表 5-7。当绕截面 y 轴弯曲时,Ⅱ边与Ⅳ边的残余压应力区域较Ⅰ边与Ⅲ边宽,对极限承载力的损害更大。以宽厚比最小的试件 B-8 为例,从表 5-7 中绕 x 轴稳定系数与绕 y 轴稳定系数之比 φ_x/φ_y 可以看出,当长细比 λ_x 在 30~100 范围内,稳定系数比值均大于 1。其绕 x 轴失稳比绕 y 轴失稳的稳定系数在 40~50 长细比范围内最多高出了 6%。因此,当分析结果用于设计建议时,应采纳较保守的绕 y 轴弯曲失稳的情况。另外,当焊接箱形截面的板件宽厚比增大时,绕 x 轴与 y 轴的稳定系数差异逐渐减小。以最敏感长细比范围 50~60 为例,当板件宽厚比从 8 增长到 22 时,其稳定系数差异从 6% 下降为 1%,绕不同轴的稳定系数已经趋于一致。

表 5-7　Q460 钢焊接箱形柱绕 y 轴稳定系数

λ_x	λ_n	φ_y					φ_x/φ_y				
		B-8	B-10	B-12	B-15	B-22	B-8	B-10	B-12	B-15	B-22
10	0.157	0.978	0.977	0.978	0.978	0.979	1.00	1.00	1.00	1.00	1.00
20	0.314	0.957	0.958	0.960	0.962	0.963	1.00	1.00	1.00	1.00	1.00
30	0.471	0.926	0.913	0.901	0.896	0.896	1.02	1.04	1.04	1.02	1.01
40	0.628	0.828	0.826	0.826	0.826	0.827	1.00	1.00	1.00	1.03	1.01
50	0.785	0.739	0.739	0.745	0.768	0.778	1.06	1.04	1.02	1.01	1.01
60	0.942	0.653	0.671	0.686	0.705	0.714	1.04	1.02	1.01	1.01	1.01
70	1.099	0.581	0.595	0.606	0.620	0.626	1.02	1.01	1.01	1.00	1.00
80	1.256	0.501	0.510	0.517	0.525	0.528	1.02	1.00	1.01	1.00	1.00
90	1.413	0.424	0.429	0.433	0.438	0.440	1.01	1.01	1.00	1.00	1.00
100	1.570	0.357	0.360	0.362	0.365	0.367	1.01	1.00	1.00	1.00	1.00
110	1.727	0.303	0.305	0.306	0.308	0.308	1.00	1.00	1.00	1.00	1.00
120	1.885	0.258	0.260	0.261	0.262	0.261	1.00	1.00	1.00	1.00	0.99
130	2.042	0.222	0.223	0.224	0.224	0.223	1.00	1.00	1.00	0.99	0.99

5.4.4　对初始几何缺陷的敏感性

建立了 65 个只考虑 $L_e/1\,000$ 初始弯曲的数值模型进行分析,计算结果如图 5-14 所示。从图 5-14 可以看出,试件 B-8~B-18 截面尺寸不同,但只考虑 $L_e/1\,000$ 初始弯曲时 5 条柱子曲线重合。由此可以得知,不

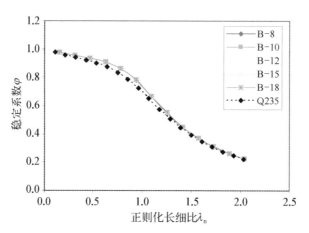

图 5‑14　几何初始缺陷对稳定系数的影响

同宽厚比截面考虑相同的初始几何缺陷时具有相同的稳定系数,截面宽厚比对极限承载力的影响是间接来源于其对应的不同残余应力分布。

　　为了考察 Q460 高强钢柱与普通钢柱对初始几何缺陷敏感性的差异,以屈服强度为 235 MPa,弹性模量为 207.8 GPa 的 Q235 材料模型建立了只考虑 $L_e/1\,000$ 初始弯曲的数值模型进行比较。将 Q235 试件的分析结果绘于图 5‑14 与 Q460 试件比较,发现 Q460 柱子曲线高于 Q235 柱子曲线。当柱正则化长细比在 0.5~1.5 时,两种材料柱的稳定系数差异相对较大,Q460 柱稳定系数比 Q235 增高多达 6.3%;在柱子曲线的两端,两者的稳定系数趋于接近。分析结果表明,当采用更高强度的钢材时,初始几何缺陷对箱形柱极限承载力的影响降低,柱的稳定系数提高。

5.4.5　宽厚比与长细比

　　当焊接箱形截面的板厚一定时,残余压应力峰值与截面宽厚比呈反比关系。因此,宽厚比参数的变化伴随着残余应力的变化。为了考察残余应力对极限承载力的影响,仅考虑初始弯曲的 $L_e/1\,000$ 曲线与具有代表性的截面组 B‑8、B‑12 和 B‑18 绕 x 轴失稳柱子曲线如图 5‑15 所示。

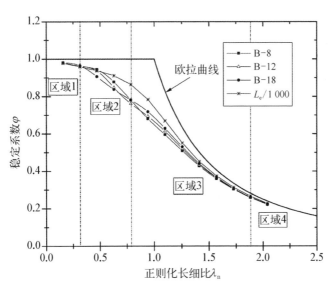

图 5 - 15　不同宽厚比截面的柱子曲线

图 5 - 15 中三条不同宽厚比截面的柱子曲线与 $L_e/1\,000$ 曲线在两端合拢而在中间段(正则化长细比为 0.4~1.2 时)数值相差较大。残余应力降低了柱的极限承载力。通常认为残余压应力比 β 越大对柱极限承载力的削弱越多,图 5 - 15 中残余压应力比最大的截面 B - 8 的柱子曲线应该低于残余压应力比最小的截面 B - 18 的柱子曲线。然而在随着长细比的减小,B-8 柱子曲线与 B-18 相交后超过了后者,残余应力比较大的柱反而具有更高的稳定系数。根据这一现象将图 5 - 15 划分为 4 个不同的区域分别讨论。为了便于比较残余应力影响随长细比的变化,定义稳定系数相对差异为,$\Delta\varphi\% = \dfrac{\varphi_{B\text{-}8} - \varphi_{B\text{-}18}}{\varphi_{B\text{-}8}} \times 100\%$。将绕 x 轴与绕 y 轴失稳的 $\Delta\varphi\%$ 随长细比的变化值绘于图 5 - 16。

1. 柱子曲线趋于重合的区域 1 与区域 4

区域 1 对应长细比很小的短柱,稳定系数接近 1,其轴心受压极限承载力接近截面强度,柱趋于强度破坏。当轴压力产生的压应力与残余压应力叠加达到屈服强度时,近焊缝的残余拉应力区域并未屈服。由于钢材具有

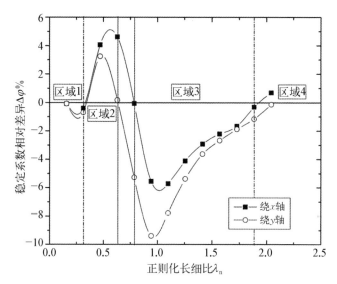

图 5-16　稳定系数的相对差异

很好的延性，截面仍能继续加载，直到全截面屈服。此时极限承载力即为截面强度，残余应力对截面强度没有影响。区域 1 中不同宽厚比截面柱稳定系数几乎相同。

区域 4 对应长细比非常大的细长柱。这类柱趋向于弹性失稳，达到极限承载力时柱全截面趋于弹性状态，极限承载力无限接近欧拉临界力。这种情况下残余压应力比的大小所体现的差异几乎消失，柱子曲线也接近欧拉曲线。

2. 稳定系数差异较大的区域 3 与区域 2

按照试件达到极限承载力时残余压应力区域的受力状态，可将剩余范围内的中长柱划分为两个部分。区域 3 对应试件达到极限承载力时残余压应力区域部分进入塑性，除残余拉应力区外仍有部分残余压应力区保持弹性；区域 2 对应试件达到极限承载力时残余压应力区域全部进入塑性，只有截面四角处残余拉应力区保持弹性。若残余压应力比为 β，则区域 2 与区域 3 分界线为稳定系数 $\varphi = 1 + \beta$。

当区域 3 柱达到极限承载力时,轴力 P 产生的压应力与残余压应力叠加并不能使残余压应力区进入塑性,即 $\left|\dfrac{P}{Af_y}+\dfrac{\sigma_{rc}}{f_y}\right|<1$。但是由于初始弯曲的存在,轴力对柱 1/2 处截面产生的弯矩为 $\dfrac{P\times L_e}{1\,000}$,对应的曲率为 ϕ。当轴向压应力、残余压应力与柱凹侧由弯矩产生的压应力叠加,使得受压侧截面部分进入塑性,即 $\left|\dfrac{P}{Af_y}-\dfrac{y\phi E}{f_y}+\dfrac{\sigma_{rc}}{f_y}\right|>1$。从截面边缘开始屈服到塑性截面的进一步开展,柱的刚度不断降低,最终导致整体失稳发生破坏。这种情况下,残余压应力比 β 越大,则截面边缘越早进入塑性,塑性区域开展也越快,导致整体失稳提前发生。因此在区域 3 中,残余压应力比 β 越大,柱子曲线偏离欧拉曲线越远,偏离 $L_e/1\,000$ 曲线也越多,稳定系数降低得越多。从图 5-16 区域 3 可以看出,增大残余压应力比 β 对稳定系数的损害随长细比的增长逐渐扩展到 $6\%\sim10\%$。

当区域 2 柱达到极限承载力时,仅轴力 P 产生的压应力与残余压应力叠加后便使残余压应力区进入塑性,即 $\left|\dfrac{P}{Af_y}+\dfrac{\sigma_{rc}}{f_y}\right|\geqslant 1$。截面四角由于残余拉应力的存在,仍然处于弹性状态,即 $\left|\dfrac{P}{Af_y}+\dfrac{\sigma_{rt}}{f_y}\right|<1$。此时若给试件一个 $L_e/1\,000$ 的扰动,则轴力产生的弯矩 $\dfrac{P\times L_e}{1\,000}$ 只能由截面四角的弹性区域来承担。弹性区越大则可以抵抗更大的弯矩而不发生失稳,因此可以得到更高的极限荷载与稳定系数。由残余应力自平衡可知 $\dfrac{\sigma_{rc}}{f_y}\times A_c+\dfrac{\sigma_{rt}}{f_y}\times A_t=0$,则 $\dfrac{|\sigma_{rc}|}{|\sigma_{rc}|+\sigma_{rt}}$ 越大,弹性区域越大,有效惯性矩也越大。在材料屈服强度相同的情况下这一规律表现为残余压应力比 β 越大,对极限承载力的削弱越小。如图 5-16 区域 2 所示,残余压应力比较大的 B-8 相对残余应力比较小的 B-18 稳定系数提高达 $3\%\sim5\%$。

5.5 设 计 建 议

《钢结构设计规范》(GB 50017—2003)[3]规定,当焊接箱形截面板厚 $t<40$ mm,宽厚比 $b/t\leqslant20$ 时应选用 c 类柱子曲线。为检验超出规范强度的 Q460 高强钢焊接箱形柱是否适用此规定,将绕 y 轴数值分析结果与 a, b,c 三类柱子曲线绘于图 5-17 进行比较。

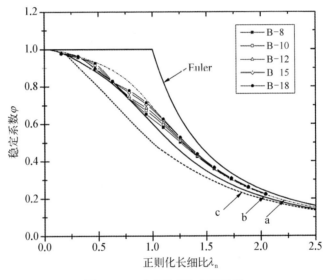

图 5-17 分析结果与规范比较

《钢结构设计规范》(GB 50017—2003)中把承载能力相近的截面合为一类,取每类柱子曲线的平均值作为代表曲线。比较发现,宽厚 $b/t\leqslant20$ 时,Q460 高强钢焊接箱形柱的稳定系数高于 c 类柱子曲线,而且除长细比 30~60 范围内较接近 b 类曲线,其余均高于 b 类曲线。宽厚比 $b/t>20$ 时,截面上残余压应力大小随截面宽厚比增长而减小,因而对于工程中常用的中长柱,其稳定系数将有所提高。因此,建议中厚板 Q460 高强钢焊接箱形柱采用高于普通强度焊接箱形柱的 b 类柱子曲线进行设计。

5.6　本　章　小　结

（1）建立并验证了考虑残余应力、初始偏心和初始挠度的数值积分模型，该模型可以准确地预测 Q460 高强钢焊接箱形构件的极限承载力，并能结合逆算法准确地预测试件从加载阶段到失稳后卸载阶段的弯曲变形值。

（2）建立并验证了考虑残余应力、初始偏心和初始挠度的焊接箱形柱有限单元模型，有限元法与数值积分法分析结果吻合。

（3）验证了焊接箱形截面简化残余应力分布模型的准确性，采用简化分布模型较采用实测残余应力分布分析结果偏保守。但当个别试件因初始几何缺陷对试件弯曲的影响程度与因实际残余应力不对称分布对弯曲的影响程度较为接近时，采用简化模型的分析结果可能因两者影响弯曲方向的组合与实际情况不符而产生较大偏差。

（4）Q460 高强钢焊接箱形柱与普通强度钢柱相比，初始几何缺陷对 Q460 钢柱极限承载力的影响降低，柱的稳定系数提高。

（5）中厚板 Q460 高强钢焊接箱形柱可采用高于普通强度钢柱的 b 类柱子曲线。

（6）残余应力降低柱的稳定系数，但其影响效应随长细比变化。当柱趋于弹性失稳或强度破坏时，残余应力影响很小；当柱整体失稳时残余压应力区域部分进入塑性，残余压应力比越大，极限承载力降低越多；当柱整体失稳时残余压应力区域全部进入塑性，残余压应力比越大，极限承载力降低越少。

（7）无外伸翼缘的焊接箱形柱，绕垂直于焊接边的对称轴弯曲失稳时较为不利；随着截面宽厚比的增大，绕两主轴失稳的极限承载力差别减小。

第6章

焊接 H 形柱轴压试验研究

6.1 概　　述

　　1992 年,Rasmussen 和 Hancock[1]针对高强钢板件(f_y＝690 MPa)的宽厚比限值进行了试验研究,研究内容包括焊接箱形截面、H 形截面、十字形截面,其中 H 形截面短柱试件 6 根。该研究考虑了残余应力的影响,并对相应的三种不同尺寸 H 形柱测量了残余应力。研究结果表明高强钢构件可以应用普通钢构件的宽厚比限值公式。1995 年,Rasmussen 和 Hancock[2]针对高强钢柱(f_y＝690 MPa)的极限承载力进行了试验研究,研究内容包括焊接箱形截面与 H 形截面,其中 H 形柱为 6 根相同截面尺寸不同长度的绕弱轴受压失稳柱。该研究考虑并测量了相应截面的残余应力。研究结果表明薄钢板高强钢柱适用于比普通钢更高的柱子曲线。1996 年,Beg 和 Hladnik[3]进一步对高强钢(f_y＝700 MPa)H 形截面的长细比限值进行了试验研究与数值分析。试验主要参数为翼缘宽厚比,5 个不同截面共 10 个受弯试件。数值分析考虑并采用了实测截面的残余应力。1998 年,Sivakumaran 和 Yuan[4]对高强钢局部失稳、延性进行了试验研究与有限元分析。研究内容包括屈服强度从 335 MPa 到 711 MPa 四种牌号钢材的 H 形柱,测试了每个牌号钢材 3 个试件,共 12 根 H 形轴压短柱,指出 700Q(f_y=711 MPa)钢不适用现有规范。现有的国内外文献对高强钢 H 形截面柱整体失稳、极限承载力的研究报道较少,研究内容主要集中于高强钢构件的局部失稳及板件宽厚比限值。

本章叙述了由 Q460 钢 11 mm、21 mm 中厚板焊接而成的 H 形柱轴压试验过程及结果,并将试验结果与我国现行《钢结构设计规范》(GB 50017—2003)[5]预测值进行了对比以检验其对高强钢的适用性。同时,试验结果将用于验证第 7 章建立的考虑了实测残余应力与初始几何缺陷的有限元模型与数值积分法模型。

6.2　试　验　概　况

6.2.1　试件设计与制造

6 根 H 形长柱均由火焰切割的 Q460 高强钢板焊接而成,翼缘板厚 21 mm,腹板厚 11 mm,柱净长度均为 3 m。三个不同尺寸截面对应的柱子长细比分别为 40,55,80,每个规格的长细比各两根试件。为了排除局部屈曲对试件极限承载力的影响,试件截面宽厚比均满足[5]板件局部稳定的要求。

《钢结构设计规范》(GB 50017—2003)[5]对受压构件规定:

外伸翼缘宽厚比

$$b/t_f \leqslant (10+0.1\lambda)\sqrt{\frac{235}{f_y}}, 30 \leqslant \lambda \leqslant 100 \qquad (6-1)$$

腹板高厚比　　$h/t_w \leqslant (25+0.5\lambda)\sqrt{\frac{235}{f_y}}, 30 \leqslant \lambda \leqslant 100 \qquad (6-2)$

式中,b,t_f,h,t_w符号含义参考图 6-1;λ 为试件长细比;f_y为屈服强度,这里采用名义屈服强度 460 MPa。根据试件长细比 λ 的变化，外伸翼缘宽厚比限值的变化范围为 9.3～14.2，腹板高厚比限值的变化范围为 28.6～53.6。

欧洲规范 Eurocode3[6] 对受压构件 3 类截面规定：

外伸翼缘宽厚比 $\qquad b/t_f \leqslant 14\sqrt{\dfrac{235}{f_y}}$ $\qquad$ (6-3)

腹板高厚比 $\qquad h/t_w \leqslant 42\sqrt{\dfrac{235}{f_y}}$ $\qquad$ (6-4)

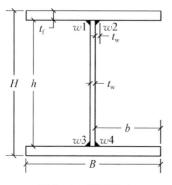

图 6-1　截面尺寸

这里屈服强度 f_y 也采用名义屈服强度 460 MPa，得出欧洲规范 3 类截面的外伸翼缘宽厚比限值为 10.0，腹板高厚比限值为 30.0。

根据上述截面宽厚比限值规定，翼缘宽厚比设计为 $b/t_f=7.0(H-7)$ 可以代表工程中常用的截面尺寸，翼缘长细比 $b/t_f=5.1$ $(H-5)$ 可作为实际工程中的宽厚比下限，为了研究极端情况，还设计了翼缘宽厚为 $b/t_f=3.4(H-3)$ 的试件进行试验。各试件的腹板高厚比 h/t_w 分别为 11.4，17.6 和 24.1，均满足局部稳定限值。为了便于识别，将试件以翼缘宽厚比、长细比冠以截面类型 H 命名（表6-1）。如试件 H-7-40-1，代表翼缘宽厚比为 7，长细比为 40 的 1 号 H 形试件。

试件加工中采用气体保护焊手工焊接，并以匹配 Q460 等强度的高强焊丝 ER55-D2 焊接而成。试件两端 500 mm 全熔透焊接，试件其余部位为部分熔透焊接，角焊缝焊脚高度为 11 mm，截面形状如图 6-1 所示。图 6-1 中 H 为截面高度，h_0 为腹板高度，B 为截面宽度，t_w 为腹板板厚，t_f 为翼缘板板厚，$w1—w4$ 为焊缝位置标示。焊接电流 190～195 A，焊接电压 28～30 V，平均焊接速度 2.3 mm/s。试件的制作过程中采用了优化的焊

表 6-1　试件几何尺寸及极限承载力

试件编号	B/mm	H/mm	t_w/mm	t_f/mm	L/mm	L_e/mm	A/mm²	λ_y	λ_{yn}	P_{cr}/kN	$P_{cr}/(A_w f_{yw}+A_t f_{yf})$
H-3-80-1①	154.50	171.25	11.52	20.99	3 000	3 320	7 976	82.5	1.301	1 913.0	0.449
H-3-80-2①	154.70	171.25	11.36	20.98	2 984	3 304	7 959	81.9	1.291	2 107.5	0.496
H-5-55-1②	227.75	245.75	11.54	21.33	3 000	3 320	12 058	56.2	0.834	4 357.5	0.765
H-5-55-2①②	229.00	245.50	11.62	21.15	3 000	3 320	12 046	56.0	0.857	4 290.0	0.708
H-7-40-1①	308.75	317.25	11.47	21.03	3 000	3 320	16 140	41.5	0.655	7 596.5	0.881
H-7-40-2①	308.25	318.50	11.46	21.20	3 000	3 320	16 230	41.6	0.656	7 534.5	0.869

注：B、H、t_w、t_f 含义如图 6-1 所示；L 为试件的净长度；L_e 为有效长度，代表试件两端铰接转动中心间的距离；A 为 H 形截面面积；绕弱轴长细比 $\lambda_y=L_e/r_y$；λ_{yn} 为正则化长细比；P_{cr} 为试验测得极限承载力；A_w 为腹板截面积；f_{yw} 为腹板钢材屈服强度；A_t 为翼缘板截面积；f_{yf} 的翼缘板钢材屈服强度。试件 H-5-55-2①②的翼缘板分别采用钢板①和②，以区别。②的翼缘板分别采用①和②。由于试件所采用两块 21 mm 厚钢板力学性能有一定差异，分别在试件编号后加①、②以区别，分别采用①和②的翼缘板分别来自钢板①和②。

接工艺及焊接顺序以减小试件的初始挠度变形。加工完毕后又对柱子两端各 500 mm 范围及端板焊接部位进行了火焰矫正,以减小初始挠度及调整两端端板至相互平行。试件制作完毕后实际测量尺寸列于表 6-1。

6.2.2 Q460 钢力学性能试验

试件加工前先对所使用的 Q460 高强钢钢板按照《国家标准钢及钢产品力学性能试验取样位置及试样制备》(GB/T 2975—1998)[7]取样制备试件(图 6-2)。单向拉伸材性试验采用同济大学力学试验室 500 kN 材料试验机加载(图 6-3)。试验方法参照《金属材料室温拉伸试验方法》(GB/T 228—2002)[8]。拉伸试验加载速率为 2 mm/min。试件受拉达到极限荷载之前,用 50 mm 引伸计测量拉伸应变;达到极限荷载之后,摘除引伸计,加载至试件拉断破坏。

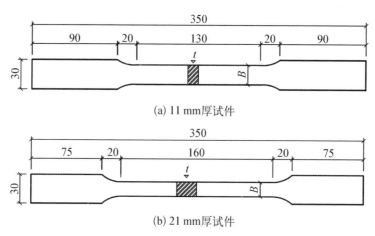

(a) 11 mm 厚试件

(b) 21 mm厚试件

图 6-2 单向拉伸试验试件

9 根 11 mm 厚试件的钢材力学性能测试结果列于表 6-2。6 根 21 mm 厚试件的钢材力学性能测试结果列于表 6-3,因来自两块不同母板的 21 mm 试件力学性能差异较大,分别标记为①和②以区分。材性试件结果的平均值将用于后续数值计算。

图 6‐3　同济大学 500 kN 材料试验机

表 6‐2　11 mm 钢板力学性能

试 件 编 号	E /GPa	$Rp_{0.2}$ /MPa	Rm /MPa	$Rp_{0.2}/Rm$	$\Delta\%$
C11‐1	207.8	488.1	599.4	0.814	21.11
C11‐2	209.2	495.1	588.0	0.842	21.33
C11‐3	207.3	508.6	597.2	0.852	21.24
C11‐4	208.8	511.4	592.5	0.863	39.09
C11‐5	207.4	523.9	610.2	0.859	21.70
C11‐6	207.8	531.3	630.6	0.843	18.89
C11‐7	206.5	512.8	582.6	0.880	22.46
C11‐8	—	496.5	608.5	0.816	20.54
C11‐9	—	484.2	568.9	0.851	26.66
平均值	207.8	505.8	597.5	0.846	23.67

注：E 为弹性模量；$Rp_{0.2}$ 为规定 0.2% 非比例延伸强度；Rm 为抗拉强度；$\Delta\%$ 为断后伸长率。

表 6‐3　21 mm 钢板力学性能

试 件 编 号	E /GPa	$Rp_{0.2}$ /MPa	Rm /MPa	$Rp_{0.2}/Rm$	$\Delta\%$
C21‐1①	—	529.2	618.5	0.856	30.69
C21‐2①	—	529.6	612.9	0.864	31.02
C21‐3①	—	563.9	621.3	0.908	25.15
平均值①	—	540.90	617.57	0.876	28.95
C21‐4②	215.3	468.8	590.0	0.795	28.68
C21‐5②	216.9	460.2	582.8	0.790	31.30
C21‐6②	220.5	463.0	584.8	0.792	31.19
平均值②	217.6	464.0	585.9	0.792	30.39

注：厚度 21 mm 的两块钢板力学性能有一定的差异,上表中分别以①、②示出。

6.2.3　加载制度及测点布置

本试验采用同济大学建筑结构试验室 10 000 kN 大型多功能结构试验机系统进行加载,如图 6‐4 所示。该系统竖向加载器最大推力 10 000 kN,

图 6‐4　10 000 kN 大型多功能结构试验机系统

作动器行程±300 mm。由于采用了 Q460 高强中厚板,系列试验中最大尺寸截面的 H-7 系列试件极限承载能力预计达到 7 500 kN。考虑到现有的刀口支座难以承受如此高的试验荷载,专门设计并制作了转动灵活、承载能力高的弧面支座(图 4-5)。试验中柱两端均使用该弧面支座,转动效果良好,达到了理想的两端铰接约束的效果。6 根焊接 H 形试件均设置为绕弱轴转动,绕强轴固接(图 6-1)。

试件安装时将上下支座调平对中,并使试件的上下端板投影重合。试件安装完毕后先实施预加载,检查应变仪、位移计等监测设备的运行状况,判定位移计方向。初始偏心在加载前已经测量完毕,预加载阶段不再进行物理对中,只判断截面应力应变情况是否与初始缺陷情况相符合。各项准备工作检查无误后进行正式加载。

试件加载采用等速试验力与等速位移切换控制。预加载及小于 80% 的极限承载力预测值阶段采用等速荷载增量控制。为防止试件的突然压曲,确保试验安全稳定的进行,当试验荷载达到 80% 预测值后切换为等速位移增量控制。试件达到极限承载力后,荷载开始下降。当荷载小于试件实测极限承载力的 60% 时,认为试件已经破坏,停止加载并卸载。

试件及支座上共布置了 16 个位移计(图 6-5)。水平位移计 H1~H6 布置在试件 1/2 长度处,H1~H3 用于检测试件绕弱轴转动的挠曲变形,H4~H6 用于检测试件绕强轴转动的挠曲变形,H8 和 H10 用于检测支座侧移。竖向位移计 V1 和 V2 用于测量试件的轴向压缩,竖向位移计 V3 和 V4 用于检测顶部支座转动变形,竖向位移计 V5 和 V6 用于检测底部支座转动变形。

试件长度 1/2 处布置了 13 片应变片,用于监测预加载、正式加载时中间截面的应力、应变状态,如图 6-6 所示。

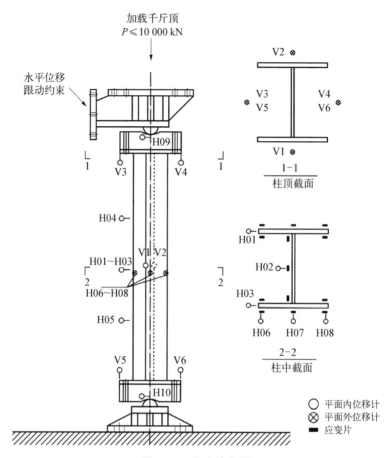

图 6-5 位移计布置

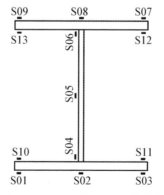

图 6-6 柱长 **1/2** 处应变片布置

6.2.4 几何初始缺陷

试验安装前对每根试件的初始偏心、初始挠度都进行了测量,测量结果作为初始缺陷用于随后的有限元分析。初始偏心由试件与端板的相对位置决定,如图 6-7 所示。由于加工过程中不能保证柱子中心线与转动轴完全重合,两轴线的距离 e_0 即为初始偏心,测量结果列于表 6-4。焊接变形使加工完毕的试

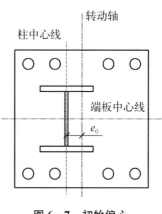

图 6-7 初始偏心

件产生了初始弯曲,其挠度 v_0 实际测量值列于表 6-4。试件的初始几何缺陷为初始偏心与初始挠度之和,为便于计算将其写成与 L_e 的比值(表 6-4)。

表 6-4 几何初始缺陷

试 件 编 号	e_0 /mm	v_0 /mm	$\|(e_0+v_0)/L_e\|$ (×10⁻³)
H-3-80-1①	0.125	−2.2	0.63
H-3-80-2①	2.5	−0.8	0.51
H-5-55-1②	−0.375	0.05	0.10
H-5-55-2①②	−1.125	−2.0	0.94
H-7-40-1①	−3.0	0.0	0.90
H-7-40-2①	0.375	−1.95	0.47

6.3 试验结果及分析

6.3.1 试验现象与荷载-位移曲线

全部 6 根试件均采用 10 000 kN 大型多功能结构试验机系统进行加

载。试件安装过程中将上下支座调平对中,并使试件的上下端板投影重合,如图 6-8(a)所示。试件安装完毕后先实施预加载,检查应变仪、位移计等监测设备的运行状况,判定位移计方向。由于初始偏心在加载前已经测量完毕,预加载阶段不再进行物理对中,只判断截面应力应变情况是否

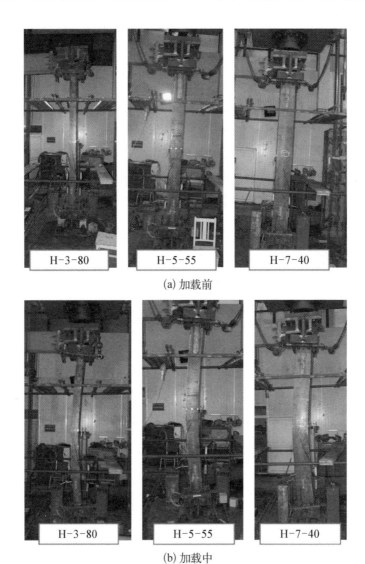

(a) 加载前

(b) 加载中

图 6-8 焊接 H 形柱轴压试验

与初始缺陷情况相符合。各项准备工作检查无误后进行正式加载。全部试件均为绕弱轴整体失稳而不能继续承载,加载及卸载过程中各试件均未发生局部失稳,试件整体失稳弯曲方向与几何初始缺陷方向相吻合,破坏模式如图6-8(b)所示。试验测得的6根试件极限承载力列于表6-1,各试件荷载-挠度曲线如图6-9所示,各试件荷载-轴向压缩曲线如图6-10所示。

加载过程的现象描述以试件H-5-55-1为例,由于初始偏心和初始挠度很小,只有0.1‰的柱长,因此从开始加载到试验荷载达约2 700 kN,试件的侧向挠度几乎没有开展,轴向的压缩变形随荷载的增加线性增长(图6-10)。当试验荷载继续增加,H形柱开始绕弱轴弯曲且侧向挠度呈非线性增长,荷载-挠度曲线如图6-9(b)所示。同时,由图6-10中荷载-轴向变形曲线可以看出,轴向变形随荷载线性增加。试件受压达到极限承载力后即发生整体失稳,失稳后,荷载开始逐渐下降,轴向压缩继续增长,侧向挠度加速发展,这时柱子的挠曲变形发展已经非常明显,如图6-9(b)所示,支座端部支座也有明显转动(图6-11)。当试件承载力下降到极限承载力的60%时,认为试件已经破坏,卸载结束试验。

从图6-9可以看出,各试件的荷载-挠度曲线加载阶段各不相同,荷载下降阶段较为相似。图6-9(a)显示了试件H-3-80-1和H-3-80-2的荷载-挠度曲线,由于试件H-3-80-2的几何初始缺陷较小,所以其展现出更高的抗弯刚度,达到了比试件H-3-80-1更高的极限承载力。这一现象也出现在H-5-55系列中[图6-9(b)]。另一方面,通过对比不同长细比试件的试验结果可以看出,具有较大长细比的试件的受压力学性能对于几何初始更为敏感。试件H-7-40-1与H-7-40-2几何初始缺陷不同,但荷载-挠度曲线几乎重合,极限荷载接近。试件H-3-80-1与H-3-80-2开始加载后就出现了微弱的弯曲变形;而试件H-7-40-1与H-7-40-2的弯曲变形出现在荷载达到50%~60%极限荷载时。

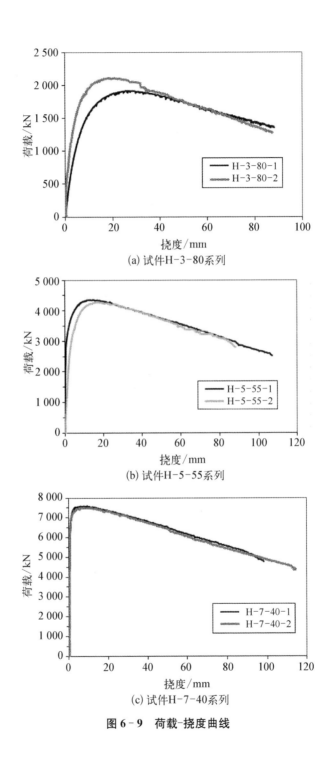

(a) 试件 H-3-80 系列

(b) 试件 H-5-55 系列

(c) 试件 H-7-40 系列

图 6-9 荷载-挠度曲线

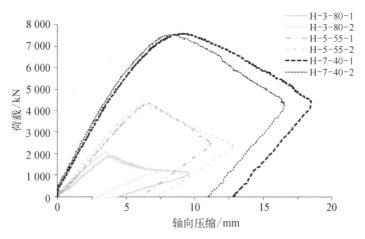

图 6‑10　荷载-轴向压缩曲线

(a) 加载前

(b) 加载中

图 6‑11　支座转动位移

竖向位移计 V1 和 V2 记录了试件加载过程中的轴向压缩,采用两者平均值绘制荷载-轴向压缩曲线(图 6-10)。图 6-10 中各试件长度相等,截面尺寸较小的试件 H-3-80-1 与 H-3-80-2 抗压刚度 EA 较小,加载段斜率较低,到达极限荷载前基本保持线性状态,较接近弹性失稳;截面尺寸较大的试件 H-7-40-1 与 H-7-40-2 抗压刚度 EA 较大,加载段斜率较高,到达极限荷载前已进入非线性状态,极限荷载更接近截面强度。

6.3.2 荷载-应变曲线

试件长度 1/2 截面处布置了 13 片应变片(图 6-6),以检测加载过程中该关键截面的应变和应力状态。这里选取典型试件的荷载-应变曲线绘于图 6-12,其中,应变片 S01 和 S09 为截面右边缘测点,应变片 S02 和 S08 为截面中心测点,应变片 S03 和 S07 为截面右边缘测点。从图 6-12 各图可以看出,开始加载初始阶段,柱长 1/2 处截面不同位置的应变相同,体现为轴压状态;由于试件不可避免地具有初始几何缺陷(小于 1/1 000 柱长),随着荷载的逐渐增加截面不同位置的应变差异变大,体现为压弯状态。试

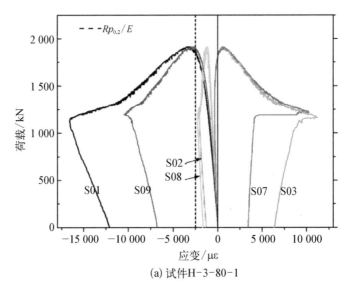

(a) 试件 H-3-80-1

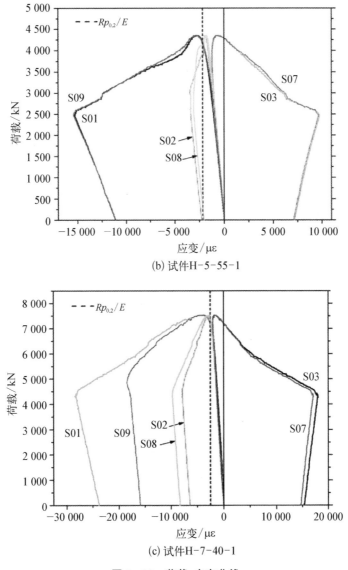

(b) 试件H-5-55-1

(c) 试件H-7-40-1

图6-12 荷载-应变曲线

件 H-3-80-1、H-5-55-1 和 H-7-40-1 均为右侧受拉左侧受拉,与初始几何缺陷情况吻合。

从图 6-12(a)、(b)和(c)中可以方便地看出柱中截面的屈服顺序。

从图 6-12(a)可以看出,试件 H-3-80-1 从开始加载即体现出了压弯状态;当荷载到达约 65% 极限荷载时,受拉测应变片 S03 和 S07 的压应变开始减小,并在达到极限荷载前转变为拉应变。与试件 H-3-80-1 不同,试件 H-7-40-1 在达到极限荷载的 96% 以前都处于均匀受压的状态,直到整体失稳后才表现为压弯受力状态[图 6-12(c)]。截面中心应变 S02 和 S08 可代表整个截面的应力、应变状态。对比不同试件可以看出:截面尺寸小、长细比较大的试件 H-3-80-1 达到极限荷载时,截面中心应变达到屈服应变的 48.8%,试件趋于弹性失稳破坏;而截面尺寸较大、长细比较小的试件 H-7-40-1 达到极限荷载时,截面中心应变为屈服应变的 109.2%,试件趋于强度破坏;试件 H-5-55-1 截面尺寸与长细比位于前两者之间,表现为典型的弹塑性失稳,达到极限荷载截面中心应变为屈服应变的 86.9%,长细比处于这一范围的试件受几何缺陷与残余应力影响最为显著。

6.4 试验结果与现有规范对比

本书第 4.4.1 节介绍了我国《钢结构设计规范》(GB 50017—2003)[5] 与欧洲规范 Eurocode3[6] 中对受压构件设计承载力的规定,本节将焊接 H 形柱的轴压试验结果与规范预测结果进行对比。由于试验数据较少,基于现有的试验难以进行和得出具有说服力的可靠度分析。因此,本节中将试验数据与规范预测结果对比时,材料性能均采用实测数据以代替名义屈服强度,材料(抗力)分享系数均取为 1.0。

6.4.1 试验与《钢结构设计规范》(GB 50017—2003)预测结果的比较

为了便于比较,将试验结果转化为无量纲数值,以正则化长细比 λ_n 为 X 轴,以稳定系数为 Y 轴,绘于图 6-13。同时也将我国《钢结构设计规范》(GB

50017—2003)[5]中 a 类、b 类、c 类截面柱子曲线及欧拉曲线绘于图 6 - 13。

　　H - 3 - 80、H - 5 - 55 和 H - 7 - 40 三种截面均为板厚小于 40 mm 的焰切翼缘焊接截面,按照规范属于 b 类截面。由图 6 - 13 可以看出,所有试件稳定系数均高于 b 类截面柱子曲线。三个类型的试件中,长细比较小的 H - 7 - 40 系列稳定系数接近 a 类曲线,长细比较大的 H - 3 - 80、H - 5 - 55 系列稳定系数接近 b 类曲线,这一方面是因为始偏心、初始挠度对接近弹性失稳的细长柱影响相对较大,另一方面因为截面宽厚比较小、残余应力较大也降低了柱子的极限承载力。

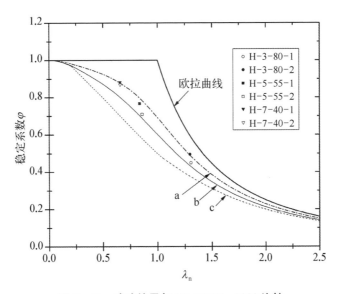

图 6 - 13　试验结果与 GB 50017—2003 比较

　　表 6 - 5 总结了试验值与《钢结构设计规范》(GB 50017—2003)预测值的比较结果。由表 6 - 5 可以看出,b 类截面柱子曲线低估了 Q460 高强钢焊接 H 形柱的承载力,预测值平均小于试验值 7.9%;a 类截面柱子曲线预测值平均大于试验 3.7%,用于设计不保守。由此可知,Q460 高强钢焊接 H 形柱宜采用 b 类截面柱子曲线进行设计,但限于试验数据较少,此结论有待数值分析的进一步验证。

表 6 - 5　试验结果与 GB 50017—2003 比较

试件编号	试　验	GB 50017—2003			
		a 类	试验/a 类	b 类	试验/b 类
H - 3 - 80 - 1	0.449	0.488	0.921	0.432	1.040
H - 3 - 80 - 2	0.496	0.493	1.005	0.436	1.136
H - 5 - 55 - 1	0.765	0.798	0.959	0.704	1.088
H - 5 - 55 - 2	0.708	0.785	0.902	0.690	1.026
H - 7 - 40 - 1	0.881	0.879	1.002	0.803	1.098
H - 7 - 40 - 2	0.869	0.879	0.989	0.802	1.084
平均值			0.963	—	1.079
方　差			0.044	—	0.040

6.4.2　试验与欧洲规范(Eurocode3)预测结果的比较

欧洲规范也采用多条柱子曲线来针对不同截面类型进行设计。Eurocode3[6]中规定,当翼缘板厚度 t_f 小于 40 mm 时,绕弱轴失稳的焊接 H 形柱应采用 c 类柱子曲线进行设计。因此,本章 Q460 高强钢焊接 H 形柱应采用 c 类曲线进行设计。图 6 - 14 为本章试验结果与 Eurocode3 预测结果的比较,其中 χ 为稳定系数,λ_n 为正则化长细比。从图 6 - 14 中可以看出,试验点不仅远高于 c 类柱子曲线,还高于 b 类柱子曲线。表 6 - 6 总结了试验值与 Eurocode3 预测值的比较结果,可以看出试验值平均高出 b 类曲线预测值 8.1%,仍为保守设计;试验值略低于 a 类曲线预测值,平均小 1.1%。由此可以看出,若焰割边 Q460 高强钢焊接 H 形柱绕弱轴失稳仍采用 c 类柱子曲线进行设计,经济性较差。由现有试验结果来看,宜采用更高的 b 类曲线进行设计,但限于试验数据较少,此结论有待数值分析的进一步验证。

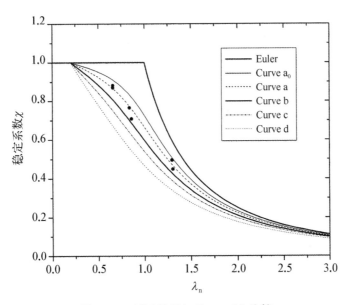

图 6‑14 试验结果与 Eurocode3 比较

表 6‑6 试验结果与 Eurocode3 比较

试件编号	试 验	Eurocode3			
		a 类	试验/ a 类	b 类	试验/ b 类
H‑3‑80‑1	0.449	0.470	0.955	0.426	1.053
H‑3‑80‑2	0.496	0.475	1.043	0.431	1.150
H‑5‑55‑1	0.765	0.776	0.987	0.703	1.088
H‑5‑55‑2	0.708	0.762	0.929	0.689	1.028
H‑7‑40‑1	0.881	0.868	1.015	0.809	1.090
H‑7‑40‑2	0.869	0.868	1.002	0.808	1.076
平均值			0.989	—	1.081
方 差			0.041	—	0.041

6.5 本 章 小 结

焰割边 Q460 高强钢焊接 H 形柱轴心受压绕弱轴失稳时,宜采用我国《钢结构设计规范》(GB 50017—2003)中 b 类截面柱子曲线进行设计,但限于试验数据较少,此结论有待数值分析的进一步验证。

第7章

焊接 H 形柱的参数分析与设计建议

7.1 概　　述

第 6 章以焰割边 Q460 高强钢中厚板制作了 3 种不同截面的 6 根焊接 H 形柱进行了轴压试验,得到了各试件的极限承载力,并与现有规范进行了对比。比较结果表明,焰割边 Q460 高强钢焊接 H 形柱轴心受压绕弱轴失稳时,宜采用我国《钢结构设计规范》(GB 50017—2003)中 b 类截面柱子曲线进行设计。由于试验数据有限,缺少焰割边 Q460 高强钢焊接 H 形柱绕强轴失稳的试验数据,且无法考虑不同截面尺寸(残余应力分布)与长细比的组合,因此需要建立准确可靠的数值模型,针对影响轴压构件极限承载力的主要参数进行更为广泛的数值分析以扩充试验数据。

本章首先采用数值积分法与有限单元法对第 6 章 Q460 高强钢焊接 H 形柱的轴心受压极限承载试验进行数值模拟。数值模型考虑了残余应力与初始几何缺陷,并将数值结果与第 6 章试验结果比较验证。随后,分别采用数值积分法与有限单元法对 Q460 高强钢焊接箱形柱的轴心受压极限承载力进行参数分析,比较了两种不同数值分析方法的计算结果,并分析了初始几何缺陷、残余应力、柱截面宽厚比和柱长细比等参数对柱极限承

载力的影响。最后,将参数分析结果与现有规范进行比较并提出设计
建议。

7.2 数值模型的建立

7.2.1 数值积分法

本书 5.2.1 节详细叙述了数值积分法的原理,本节将只介绍数值积分法模型的建立。

通过不同分段数试算发现,当 $n=20$ 时由试件划分段数而产生的误差已小于 0.05%。因此后文中数值积分法分析均采用 20 段等长度划分试件,如图 7-1 所示。

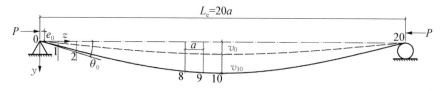

图 7-1 受压柱的挠曲线

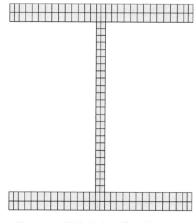

图 7-2 数值积分法截面单元划分

通过不同精度网格划分的截面试算,得出以图 7-2 所示截面网格划分可以满足计算精度要求。为了便于施加初始残余应力,数值积分法分析在采用图 7-2 所示网格划分同时,还需参照残余应力分布规律对截面进一步划分。截面划分后将各单元面积 A_i 与单元形心坐标 x_i,y_i 储存于单元信息矩阵以备调用。

1. 材料模型

为获得 Q460 钢板材料性能,第 6 章中对 H 形试件采用的 21 mm 厚翼缘板与 11 mm 厚腹板进行了拉伸试验,结果列于表 6 - 2 与表 6 - 3。数值分析时,根据拉伸试验结果平均值分别建立了考虑应变强化效应与忽略应变强化效应的双折线弹塑性材料模型。经试算发现采用理想弹塑性双折线模型的计算结果与采用考虑了应变强化效应的双折线模型结果相差小于 0.1%。因此数值分析中采用理想的弹塑性材料模型,如图 7 - 3 所示,各钢板的材料力学性能参数列于表 7 - 1。

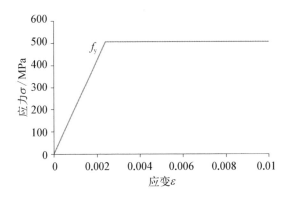

图 7 - 3　Q460 钢的理想弹塑性应力-应变曲线

表 7 - 1　钢材力学性能

钢板厚度	E /GPa	f_y /MPa	E_t /GPa	f_u /MPa	f_y/f_u	δ
11 mm	207.8	505.8	1 470.4	597.5	0.846	23.7%
21 mm①	217.6	540.9	840.4	617.6	0.876	29.0%
21 mm②	217.6	464.0	840.4	585.9	0.792	30.4%

注: E 为弹性模量, E_t 为应变强化模量, f_y 为屈服强度,采用 0.2% 非比例延伸强度; f_u 为抗拉强度; d 为断后伸长率。因厚度 21 mm 的两块钢板力学性能有一定的差异,表中分别以①、②标记。

2. 初始缺陷

初始偏心与初始挠度作为初始几何缺陷对轴压柱极限承载力和荷载-

挠度曲线都有显著的影响。第 6 章在试验准备阶段测量了所有试件的初始偏心与初始挠度,本节重列于表 7-2。表 7-2 中 e_0 为初始偏心,v_0 为柱 1/2 长度处初始挠度。本章 7.3 节数值模型的验证中,按照实测值考虑了初始几何缺陷;7.4 节的参数分析中,考虑了假设的 1/1 000 柱长的初始弯曲。

表 7-2 几何初始缺陷

试 件 编 号	e_0 /mm	v_0 /mm	$\lvert (e_0 + v_0)/L_e \rvert$ （×10^{-3}）
H-3-80-1①	0.125	−2.2	0.63
H-3-80-2①	2.5	−0.8	0.51
H-5-55-1②	−0.375	0.05	0.10
H-5-55-2①②	−1.125	−2.0	0.94
H-7-40-1①	−3.0	0.0	0.90
H-7-40-2①	0.375	−1.95	0.47

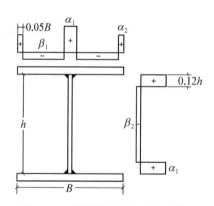

图 7-4 简化的残余应力分布模型

残余应力作为初始应力,与试件内力叠加后使截面部分区域提前屈服,导致试件整体或局部失稳提前发生而降低柱子的极限承载力。第 3 章测试了与轴压试件对应的 3 个不同尺寸截面的残余应力分布,并给出了 H 形各边残余应力的平均值。虽然 H 形截面绕双主轴均对称,但由于 4 条焊缝施焊顺序各有先后,残余应力的实际分布往往是不对称的。为方便数值计算中导入初始应力,提出了绕两主轴均对称的简化残余应力分布模型,如图 7-4 所示。图 7-4 中 α 为残余拉应力 σ_{rt} 与材料屈服强度 f_y 比值,β 为残余压应力 σ_{rc} 与材料屈服强度 f_y 比值,不同截面对应的 α 和 β 如表 7-3 所示。

表 7 - 3　残余应力比

试　　件	α_1	α_2	β_1	β_2
R - H - 3	1.039	0.080	−0.408	−0.152
R - H - 5	0.900	0.243	−0.271	−0.235
R - H - 7	0.731	0.488	−0.195	−0.131

7.2.2　有限单元法

有限元分析使用通用有限元软件 ANSYS。柱子采用 3 - D 线性梁单元 BEAM188,沿长度方向划分为 40 个等长单元,柱截面采用自定义划分网格。截面自定义网格以 PLANE82 单元进行划分,划分结果存为自定义截面信息文件供 BEAM188 梁单元读入。因 PLANE82 为采用 3 次插值函数的 8 节点高阶四边形单元,在保证同等计算精度的条件下可以使用相对较少的单元数划分截面。有限元法截面单元划分如图 7 - 5 所示。采用 Mises 屈服准则和双线性随动强化 BKIN 模型模拟理想弹塑性钢材本构关系,材料模型参数同数值积

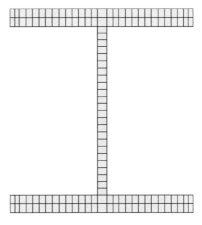

图 7 - 5　有限元法截面单元划分

分法所述。几何初始缺陷取表 7 - 2 实测初始偏心与初始弯曲之和,以对应的失稳模态形式写入初始模型。残余应力同样采用图 7 - 4 的简化残余应力分布模型生成初始残余应力文件,在分析时截面每个单元上四个积分点从初始文件中读取相同的残余应力值。

进行有限元分析时,先采用力加载,打开自动时间步求解试件的极限承载力;然后切换为位移加载,打开弧长法以求解包含下降段的荷载-变形曲线。

7.3 数值模型的验证

7.3.1 极限承载力结果的比较

极限承载力是考察高强钢焊接 H 形柱受压性能的重要指标。以考虑了初始几何缺陷与简化残余应力分布的数值模型,对试件的极限承载能力进行了预测,数值积分法和有限单元法的计算结果分别列于表 7 - 4。为了验证两种数值方法的准确性,将两组预测值分别与试验结果比较,其比值如表 7 - 4 所示。两种数值计算结果与试验测得的受压极限承载力在工程常用的长细比范围内(40~80)吻合较好。数值积分法计算结果平均小于试验值 6%,方差为 2%;有限元法计算结果平均小于试验值 5%,方差为 3%。同时发现,有限单元法与数值积分法的计算结果非常接近,平均相差 0.8%,最大相差(试件 H - 3 - 80 - 1)3.4%。由此可以认为考虑了初始缺陷的数值积分法与有限单元法均可以准确地预测 Q460 高强钢焊接 H 形柱的极限承载力。

表 7 - 4   数值分析结果与试验结果比较

试件编号	试验值 /kN	数值积分 /kN	有限元 /kN	数值积分/ 试验值	有限元/ 试验值
H - 3 - 80 - 1①	1 913.0	1 875.5	1 939.3	0.980	1.014
H - 3 - 80 - 2①	2 107.5	1 979.8	1 999.1	0.939	0.949
H - 5 - 55 - 1②	4 357.5	4 035.1	4 038.2	0.926	0.927
H - 5 - 55 - 2①②	4 290.0	4 020.6	4 026.9	0.937	0.939
H - 7 - 40 - 1①	7 596.5	7 021.4	7 033.6	0.924	0.926
H - 7 - 40 - 2①	7 534.5	7 191.7	7 195.2	0.955	0.955
平均值	—	—	—	0.94	0.95
方　差	—	—	—	0.02	0.03

7.3.2　荷载-挠度曲线的比较

试件的荷载-挠度曲线不仅包含极限承载力信息,还显示了柱子压弯变形过程中刚度的变化和柱子屈曲后的受力性能。通过荷载-挠度曲线可以更为深入地考察试件的受压力学性能。为进一步验证数值积分法与有限单元法的准确性,将两种数值方法计算的荷载-挠度曲线与试验测得曲线进行比较,长细比为 80、55 和 40 的三种试件分别如图 7-6 所示。从图 7-6 可以看出,数值积分法与有限元法所预测的荷载-挠度曲线基本重合,两种数值方法相互印证。

虽然应变强化效应对数值方法预测试件的极限承载力影响较小,但是其对预测试件荷载-挠度曲线的影响不可忽视。图 7-6 中标记为"有限元"和"数值积分"的预测曲线均未考虑应变强化效应。作为对比,以同样的数值模型考虑了应变强化效应进行计算,预测结果标记为"考虑应变强化"。从图 7-6(a)与(b)可以看出,考虑应变强化效应后,试件整体失稳的发生要迟于未考虑应变强化的情况,更接近试验测量结果。这主要因为未考虑应变强化效应时($E_t=0$),柱中截面受压侧一旦屈服,该部分抗弯刚度 $E_t A_i$ 即变为 0,不能对挠曲变形的试验提供恢复力,但实际上该部分 A_i 屈服后应力可进一步增长($E_t \neq 0$),如表 7-1 所示。

将两种数值计算的荷载-挠度曲线与试验测得曲线相比,可分为线性加载阶段、非线性加载阶段和卸载阶段。加载初期的线性阶段,荷载-挠度曲线的斜率对于初始几何缺陷非常敏感,但通过考虑实测的初始挠度与初始偏心,数值分析给出了准确的预测结果。随着荷载的增加与弯曲变形的开展,$P-\Delta$ 效应更加显著,受压边缘出现屈服,这时截面中的残余应力分布开始对荷载-挠度曲线产生影响。考虑了简化残余应力分布模型的数值分析仍然可以获得与试验结果吻合较好的近似解。采用数值积分逆算法与弧长法(有限元法中)获得的试件卸载段的预测值稍低于试验结果,卸载

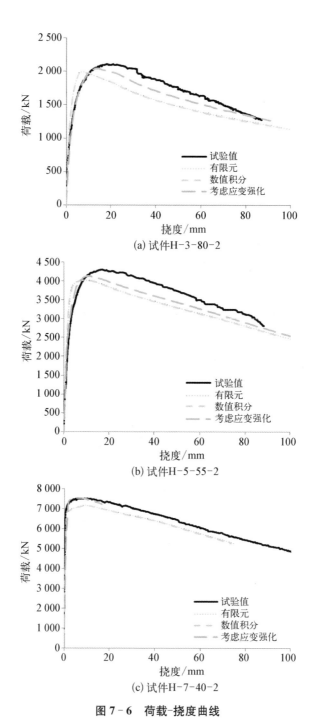

(a) 试件H-3-80-2

(b) 试件H-5-55-2

(c) 试件H-7-40-2

图 7-6 荷载-挠度曲线

段斜率吻合较好。因此,可以认为考虑初始缺陷的数值积分法与有限元法均可以较为准确地预测 Q460 高强钢焊接 H 形轴压构件的力学行为。

7.3.3　简化残余应力分布模型的验证

为了验证简化残余应力分布模型的准确性,以有限元法考察了简化残余应力分布模型与实测残余应力分布对试件极限承载力计算结果的影响。将采用残余应力简化模型与实测分布的极限承载力预测值以试验值倍数的形式表达,如表 7-5 所示。表 7-5 中"简化模型"为采用图 7-4 简化残余应力分布模型的极限承载力计算结果,"实测分布 1"和"实测分布 2"为考虑实测残余应力值及分布的极限承载力计算结果。

表 7-5　简化模型分析结果与实测分布分析结果比较

试件编号	简化模型/试验值	实测分布 1/试验值[1]	实测分布 2/试验值[1]
H-3-80-1①	1.014	1.156	1.040
H-3-80-2①	0.949	1.086	0.968
H-5-55-1②	0.927	1.016	1.005
H-5-55-2①②	0.939	0.961	0.962
H-7-40-1①	0.926	0.960	0.962
H-7-40-2①	0.955	0.998	1.001
平均值	0.95	1.03	0.99
方　差	0.03	0.08	0.03

实测残余应力绕 H 形截面弱轴不对称,因此需考虑残余应力与初始几何缺陷的两种不同组合。"实测分布 1"代表试件弯曲变形时 $w1$—$w3$ 侧(图 7-7)受压情况;"实测分布 2"代表试件弯曲变形时 $w2$—$w4$ 侧(图 7-7)受压情况。

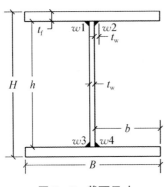

图 7 - 7　截面尺寸

因此,有两种组合情况:

(1)初始几何缺陷与残余应力以相反的方向影响试件的弯曲。当两者影响程度较为接近时,两者影响效应将相互抵消而延缓弯曲的开展,使得试件中截面更接近于均匀受压,提高柱子的极限承载力。

(2)初始几何缺陷与残余应力以相同的方向影响试件的弯曲。两者影响效应将相互叠加加速弯曲的开展,使得试件更早发生整体失稳,降低柱子的极限承载力。

当采用绕截面双轴对称的简化残余应力分布模型进行分析时,所得结果既可能接近情况 1,也可能是情况 2。这一由残余应力不对称效应引起的差异在截面宽厚比较小的试件中不可忽视,如试件 H - 3 - 80 - 1 与 H - 3 - 80 - 2。若组合情况与实际相符,则可得出准确的结果,如试件 H - 3 - 80 - 1 与 H - 3 - 80 - 2。若组合情况与实际相反,则可能得出与试验值相差较大的分析结果。从总体上来看,采用简化的残余应力分布模型进行数值分析可以得到满意的结果。以简化模型预测的极限承载力与试验结果吻合较好,平均小于试验值 5%,偏保守;与采用实测残余应力分布的数值分析结果相比,分别小于"实测分布 1"和"实测分布 2"的 4% 和 8%。因此,可以用简化模型代替实测模型进行极限承载力数值分析。

7.4　参　数　分　析

7.4.1　主要参数

参数分析共计算了 72 根轴心受压柱的极限承载力。分析试件的主要参数有：宽厚比 b/t 为 3.4～7.0，共 3 种不同截面；长细比 λ_x 为 20～130，共 12 个不同长细比；绕弱轴失稳与绕强轴失稳 2 种情况；高强钢柱与普通强度钢柱对几何初始缺陷的敏感度。试件的截面形状与几何尺寸如图 7-7 与表 7-6 所示。表 7-6 截面编号中 H 代表截面类型，其后数字为自由外伸翼缘宽厚比。试件度均取 $L_e = r_x \times \lambda_x$ 或 $L_e = r_y \times \lambda_y$，$r_x$ 和 r_y 为截面绕 x 轴和 y 轴的回转半径，截面绕 x 轴与 y 轴均对称。

表 7-6　试件几何尺寸

截面编号	$B/$ mm	$H/$ mm	$t_w/$ mm	$t_f/$ mm	b/t_f	h/t_w	$E/$ GPa	$f_y/$ MPa	$A/$ mm^2
H-3	154.7	171.25	11.36	20.98	3.4	11.4	217.6	540.9	7 959
H-5	229.0	245.5	11.62	21.15	5.1	17.5	217.6	540.9	12 046
H-7	308.25	318.5	11.46	21.20	7.0	24.1	217.6	540.9	16 230

注：B 为翼缘宽度，b 为翼缘自由外伸宽度，H 为截面高度，h 为腹板高度，t 为板厚，b/t_f 为翼缘宽厚比，h/t_w 为腹板高厚比，A 为截面面积。

参数分析中，模型几何初始缺陷采用与李开禧[2] 等计算钢压杆柱子曲线相同的假设，考虑 1/1 000 柱长的初始弯曲。残余应力模型采用图 7-4 给出的 Q460 钢简化残余应力分布模型。

7.4.2　计算结果

将参数分析试件按照截面尺寸分为 3 组，分别为 H-3，H-5 和 H-7，对应的翼缘宽厚比分别为 3.4，5.1 和 7.0。每种截面通过变化柱长得到长细比从 20 到 120 共 12 个试件。采用前文所述参数建立绕截面弱轴弯曲的数值积分法模型与有限元分析模型进行分析，计算结果列于表 7-7，其中 λ_{yn} 为正则化长细比，$\lambda_{yn} = \dfrac{\lambda_y}{\pi} \sqrt{\dfrac{f_y}{E}}$，$\varphi_y$ 为绕弱轴的稳定系数。

表 7-7　Q460 钢焊接 H 形柱绕弱轴稳定系数

λ_y	λ_{yn}	数值积分法 φ_y			有限单元法 φ_y		
		H-3	H-5	H-7	H-3	H-5	H-7
20	0.317	0.911	0.930	0.952	0.931	0.945	0.963
30	0.476	0.789	0.826	0.872	0.802	0.833	0.878
40	0.635	0.661	0.746	0.818	0.665	0.747	0.820
50	0.794	0.598	0.695	0.751	0.599	0.695	0.752
60	0.952	0.542	0.632	0.680	0.543	0.630	0.680
70	1.111	0.491	0.562	0.595	0.491	0.560	0.595
80	1.270	0.437	0.483	0.502	0.438	0.481	0.502
90	1.428	0.380	0.408	0.419	0.380	0.405	0.419
100	1.587	0.326	0.344	0.351	0.326	0.341	0.350
110	1.746	0.280	0.291	0.296	0.280	0.289	0.295
120	1.904	0.241	0.249	0.252	0.241	0.247	0.252
130	2.063	0.209	0.215	0.217	0.209	0.213	0.217

表 7-8　Q460 钢焊接 H 形柱绕强轴稳定系数

λ_x	λ_{xn}	数值积分法 φ_x			有限单元法 φ_x		
		H-3	H-5	H-7	H-3	H-5	H-7
20	0.317	0.959	0.960	0.960	0.976	0.969	0.966
30	0.476	0.879	0.868	0.882	0.881	0.872	0.884
40	0.635	0.749	0.775	0.808	0.750	0.775	0.807
50	0.794	0.643	0.696	0.742	0.642	0.695	0.740
60	0.952	0.564	0.638	0.684	0.562	0.637	0.686
70	1.111	0.501	0.574	0.607	0.499	0.575	0.608
80	1.270	0.449	0.497	0.517	0.449	0.498	0.515
90	1.428	0.392	0.421	0.432	0.392	0.420	0.429
100	1.587	0.337	0.354	0.360	0.336	0.353	0.358

续　表

λ_x	λ_{xn}	数值积分法 φ_x			有限单元法 φ_x		
		H-3	H-5	H-7	H-3	H-5	H-7
110	1.746	0.288	0.299	0.303	0.287	0.298	0.302
120	1.904	0.244	0.253	0.258	0.242	0.251	0.257
130	2.063	0.206	0.215	0.221	0.205	0.214	0.220

从表 7-7 中可以看出,考虑相同初始缺陷的数值积分法与有限单元法所得计算结果吻合较好,计算结果平均相差 0.1%,方差为 0.7%。

采用同样的数值积分法模型与有限元分析模型对绕强轴失稳的情况进行分析,计算结果列于表 7-8,其中 λ_{xn} 为正则化长细比,$\lambda_{xn} = \dfrac{\lambda_x}{\pi} \sqrt{\dfrac{f_y}{E}}$,$\varphi_x$ 为绕强轴的稳定系数。从表 7-8 中可以看出,考虑相同初始缺陷的数值积分法与有限单元法所得计算结果吻合较好,计算结果平均相差 0.1%,方差为 0.5%。

7.4.3　对初始几何缺陷的敏感性

为考察几何初始缺陷对不同截面试件极限承载力的影响,建立了 72 个无残余应力,只考虑 $L_e/1\,000$ 初始弯曲的 Q460 钢 H 形柱数值模型进行分析,计算结果如图 7-8 所示。结算结果显示,只考虑相同的初始几何缺陷时,试件 H-3、H-5 与 H-7 三种截面绕弱轴和绕强轴失稳的柱子曲线重合。由此可知,不同宽厚比截面考虑相同的初始几何缺陷时具有几乎相同的稳定系数。

为了考察 Q460 高强钢 H 形柱与普通钢 H 形柱对初始几何缺陷敏感性的差异,以屈服强度为 235 MPa,弹性模量为 206 GPa 的 Q235 钢理想弹塑性模型建立了只考虑 $L_e/1\,000$ 初始弯曲的数值模型进行比较。将 Q235 试件的计算结果绘于图 7-8 与 Q460 钢柱子曲线比较,发现 Q460 柱子曲

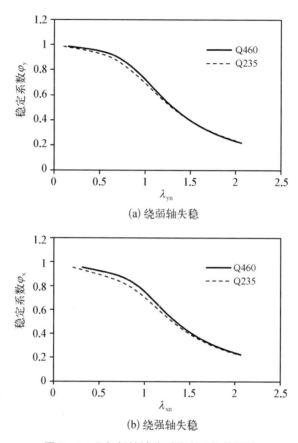

(a) 绕弱轴失稳

(b) 绕强轴失稳

图 7 - 8　几何初始缺陷对稳定系数的影响

线高于 Q235 柱子曲线。当柱正则化长细比为 0.5～1.0 时,两种材料柱的稳定系数差异相对较大,在柱子曲线的两端,两者的稳定系数趋于接近。当正则化长细比为 0.97 时,Q460 钢柱绕弱轴稳定系数比 Q235 钢柱增高多达 4.5%;Q460 钢柱绕强轴稳定系数比 Q235 钢柱增高多达 6.6%。分析结果表明,当采用 Q460 高强钢时 H 形柱的极限承载力对初始几何缺陷的敏感性降低,高强钢 H 形柱的稳定系数较普通钢柱有所提高。

7.4.4　残余应力的影响

通常认为,残余压应力与受压柱截面中的压应力叠加使得截面部分区域提前进入塑性,残余压应力的存在降低了柱的极限承载力。为了考察残余应力对极限承载力的影响,将仅考虑 $L_e/1\,000$ 初始弯曲的柱子曲线与同时考虑了初始弯曲与残余应力的 H-3、H-5 和 H-7 三种 H 形截面绕弱轴的柱子曲线(绕强轴柱子曲线具有相同的规律,这里不再详述)进行比较(图 7-9)。图 7-9 中三条考虑了残余应力 H 形截面柱子曲线与 $L_e/1\,000$ 曲线在两端趋于重合而在中间段(正则化长细比为 0.4~1.2 时)相差较大。按照这一特点将图 7-9 分为 3 个区域:

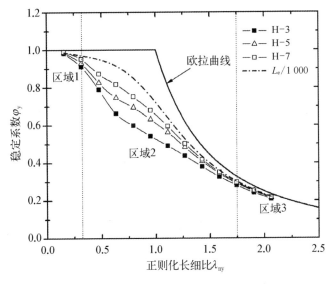

图 7-9　宽厚比对截面柱子曲线的影响

(1)接近强度破坏的区域 1

区域 1 为长细比较小的短柱,其稳定系数接近 1。随长细比的减小,柱截面尺寸相对柱长较大,其破坏模式由整体失稳转变为强度破坏。轴压力产生的压应力与残余应力叠加,残余压应力区域提前达到屈服强度,而残余拉应力区域并未屈服。由于钢材具有很好的延性,短柱仍能继续承载,直到全截面屈服。因此,短柱极限承载力接近截面强度,残余应力对稳定系数影响较小。区域 1 中不同尺寸的 H 形截面柱稳定系数均与不考虑残

余应力的 $L_e/1\,000$ 曲线较为接近。

(2) 稳定系数差异较大的区域 2

区域 2 对应实际工程中柱构件较常采用的长细比,其破坏模式为整体弹塑性失稳。

首先,考察残余压应力对轴压构件极限承载力的影响。柱两端铰接,受轴压 P,中点处初始挠度为 $L_e/1\,000$(图 7-1)。轴力 P 产生的压应力为 $\dfrac{P}{A}$;因存在初始弯曲,轴力 P 在柱 $L_e/2$ 处产生的弯矩为 $\dfrac{P\times L_e}{1\,000}$,对应的曲率为 ϕ,受压侧的应力为 $-\dfrac{y\phi E}{f_y}$。当柱所受荷载接近极限承载力时,轴力 P 产生的压应力与柱凹侧由弯矩产生的压应力叠加并不能使该侧进入塑性,即 $\left|\dfrac{P}{Af_y}-\dfrac{y\phi E}{f_y}\right|<1$。但由于残余压应力的存在,实际柱弯曲凹侧已经屈服,即 $\left|\dfrac{P}{Af_y}-\dfrac{y\phi E}{f_y}+\dfrac{\sigma_{rc}}{f_y}\right|>1$。随着塑性区域的进一步扩大,柱的刚度不断降低,最终导致整体失稳发生破坏。这种情况下,残余压应力比 β_1 越大,则截面凹侧越早进入塑性,塑性区域开展也越快,导致整体失稳提前发生。因此在区域 2 中,残余压应力比 β_1 较大的柱子曲线偏离欧拉曲线越远,偏离 $L_e/1\,000$ 曲线也越多,稳定系数越低。焊接 H 形截面翼缘中残余压应力的大小与翼缘宽厚比成反比。宽厚比越小,残余压应力的数值越大。截面 H-3 翼缘的残余压应力比为 -0.408,截面 H-7 的残余压应力比为 -0.195,因而该区域中截面 H-7 的柱子曲线高于截面 H-3,最多达 20.5%。

其次,考察残余拉应力对轴压构件极限承载力的影响。当柱所受荷载接近极限承载力时,轴力 P 产生的压应力与柱凹侧由弯矩产生的压应力叠加使该侧屈服,即 $\left|\dfrac{P}{Af_y}-\dfrac{y\phi E}{f_y}\right|>1$。但由于焰割边翼缘两侧边缘存在残余拉应

力(图 7 - 4),实际柱弯曲凹侧边缘尚未屈服,即 $\left| \dfrac{P}{Af_y} - \dfrac{y\phi E}{f_y} + \dfrac{\sigma_{rt}}{f_y} \right| < 1$。截面四角由于残余拉应力的存在,延缓了其进入塑性状态的过程,因而,延缓了整体失稳的发生,提高了柱极限承载力与稳定系数。由此可以看出,焰割边残余拉应力的存在有利于柱承载,残余拉应力比 α_2 越大,稳定系数越接近 $L_e/1\,000$ 曲线。截面 H - 7 焰割边残余拉应力比为 0.488,其柱子曲线较接近 $L_e/1\,000$ 曲线;截面 H - 3 焰割边残余拉应力比为 0.08,残余拉应力的提升效应微弱,其柱子曲线较 $L_e/1\,000$ 曲线下降较多。

(3) 接近弹性失稳的区域 3

区域 3 对应长细比非常大的细长柱,该段柱子曲线接近欧拉曲线。随长细比的增长,柱长度远大于截面尺寸,柱趋于弹性失稳。当达到极限承载力时,柱截面应力处于较低水平,全截面趋于弹性状态。这种情况下残余压应力大小对柱极限承载力几乎没有影响,极限承载力接近欧拉临界力。

7.5　设　计　建　议

7.5.1　我国《钢结构设计规范》(GB 50017—2003)

《钢结构设计规范》(GB 50017—2003)[3]规定,翼缘为焰割边的焊接 H 形柱,板厚小于 40 mm 时,绕弱轴失稳应采用 b 类截面柱子曲线。为检验超出规范规定强度的 Q460 高强钢焊接 H 形柱是否适用此规定,将其绕弱轴与绕强轴的稳定系数参数分析结果与《钢结构设计规范》(GB 50017—2003)中 a,b,c 三类截面柱子曲线进行比较,绘于图 7 - 10。图 7 - 10(a)为绕弱轴理论柱子曲线与规范的比较,图 7 - 10(b)为绕强轴理论柱子曲线与规范的比较,图 7 - 10(c)总结了与不同类型截面设计曲线的比较结果。

通过比较可以看出：无论焰割边 Q460 高强钢焊接 H 形柱绕弱轴失稳还是绕强轴失稳，截面 H-7 仍适用 b 类柱子曲线；截面 H-5 低于 b 类柱子曲线，适用 c 类柱子曲线；截面 H-3 低于 c 类柱子曲线。《钢结构设计规范》(GB 50017—2003)中对 H 形轴压构件局部稳定的规定为：

$$b/t_f \leqslant (10 + 0.1\lambda)\sqrt{\frac{235}{f_y}} \qquad (7-1)$$

其中 $30 \leqslant \lambda \leqslant 100$。对于 Q460 高强钢，翼缘宽厚比上限值为 9.3～14.2。为了充分利用材料的性能，实际工程中制作焊接 H 形柱通常选用较大的翼缘宽厚比，截面 H-7 可代表工程中常用翼缘宽厚比。截面 H-5 的翼缘宽厚比较小，工程中应用较少，而翼缘宽厚比为 3.4 的截面 H-3 则很难在实际工程中应用。因此，以截面 H-7 的理论柱子曲线为基础进行设计建议较为合理。从图 7-10(c)可以看出，截面 H-7 绕两主轴的稳定系数均高于 b 类截面曲线，绕弱轴失稳与绕强轴失稳时平均分别高出 b 截面类曲线 7.3% 和 8.6%。因此，中厚板 Q460 高强钢焰割边焊接 H 形柱绕

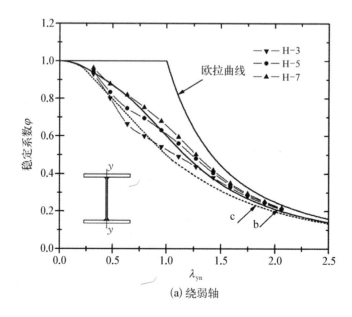

(a) 绕弱轴

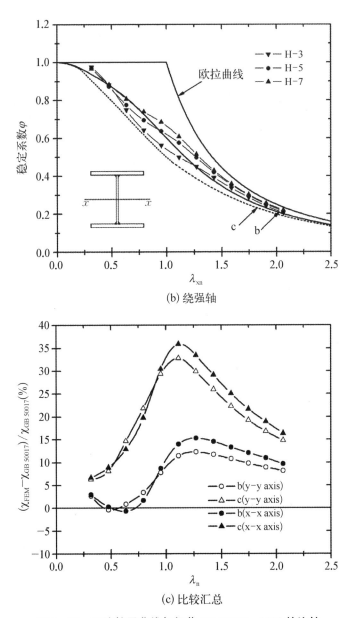

(b) 绕强轴

(c) 比较汇总

图 7‑10　理论柱子曲线与规范 GB 50017—2003 的比较

弱轴与绕强轴的整体稳定承载力,仍可沿用《钢结构设计规范》(GB 50017—2003)中 b 类截面柱子曲线进行设计。

7.5.2　欧洲规范(Eurocode3)

欧洲钢结构协会 ECCS[4]在制定柱子曲线时考虑了屈服强度大于 430 MPa 高强钢柱的情况。在没有试验数据的情况下,假设高强钢焊接轧制翼缘的 H 形截面残余压应力大小为 10%的屈服强度,计算了其绕弱轴与绕强轴的理论柱子曲线,分别为 M39 m 和 M40 m 曲线(图 7 - 11)。然后,基于焰割边翼缘端部出现残余拉应力将有益于提高试件极限承载力的共识,推荐焰割边高强钢焊接 H 形柱采用 a 类曲线进行设计。然而第 3 章试验结果发现,截面 H - 7 翼缘的残余压应力大小平均为 $0.195f_y$,$0.1f_y$的假设过于乐观,需要对该结论进行验证。从图 7 - 11(a)和(b)可以发现,在残余应力起较大影响的中长柱范围内,截面 H - 7 绕弱轴和绕强轴的理论柱子曲线低于 M39 m 和 M40 m 曲线,且低于 a 类曲线。

另一方面,Eurocode3[5]中并没有采用文献[4]针对高强钢焊接 H 形轴压构件所建议的 a 类曲线,在没有充足试验与理论依据的情况下,沿用了与

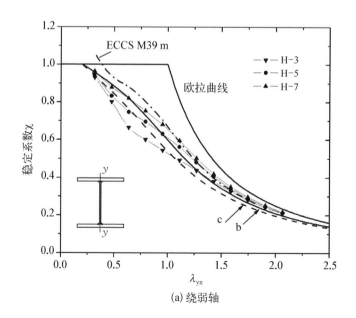

(a) 绕弱轴

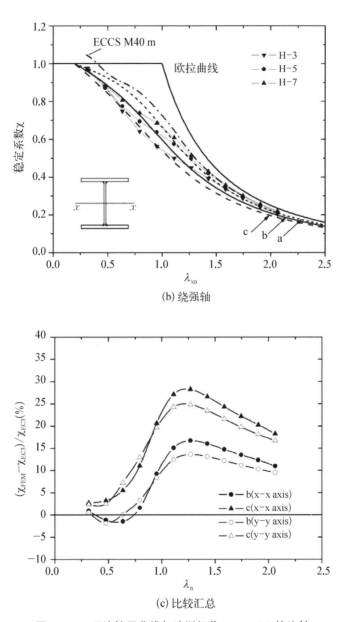

(b) 绕强轴

(c) 比较汇总

图 7-11　理论柱子曲线与欧洲规范 Eurocode3 的比较

普通强度钢柱相同的设计曲线。根据 Eurocode3[6] 的规定,当焊接 H 形截面翼缘厚度不大于 40 mm 时,绕弱轴失稳应采用 c 类曲线设计,绕强轴失

稳应采用 b 类曲线设计。由图 7-11(c)可以看出，截面 H-7 绕弱轴和绕
强轴的理论柱子曲线均高于其规定的设计曲线，分别高出 16.1% 和 9.0%，
尤其是绕弱轴失稳采用 c 类曲线设计显得过于保守。然而，需要注意的是，
Eurocode3 中焊接 H 形截面的分类除了包括焰割边翼缘的情况，还包含了
轧制翼缘与剪切边翼缘的情况。因此，Eurocode3 中 b 类曲线是否适用于
高强钢焊接 H 形截面柱还需进一步的研究。

7.6　本章小结

（1）建立并验证了考虑残余应力、初始偏心和初始挠度的数值积分模
型，该模型可以准确地预测 Q460 高强钢焊接 H 形构件的极限承载力，并能
结合逆算法准确的预测试件从加载阶段到失稳后卸载阶段的弯曲变形值。

（2）建立并验证了考虑残余应力、初始偏心和初始挠度的焊接 H 形柱
有限单元模型，有限元法与数值积分法分析结果吻合。

（3）采用简化的焊接 H 形截面残余应力分布模型进行压杆的受力性
能分析可以得到较为准确的预测结果，且较采用实测残余应力分布分析结
果偏保守。

（4）实测残余应力分布沿截面主轴不对称，与初始几何缺陷有 2 种组
合情况。当采用简化的残余应力分布进行数值分析时，个别截面宽厚比较
小的试件可能因初始几何缺陷与残余应力的组合与实际情况不符而产生
偏差。

（5）Q460 高强钢焰割边焊接 H 形柱与普通强度钢柱相比，其极限承
载力对初始几何缺陷的敏感性降低，柱的稳定系数有所提高。

（6）中厚板 Q460 高强钢焰割边焊接 H 形柱绕弱轴与绕强轴稳定系
数，可沿用《钢结构设计规范》（GB 50017—2003）中 b 类截面柱子曲线。

第8章

结论与展望

8.1 本课题的主要工作

本课题是在国家自然科学基金（90815029）的资助下完成的，主要包括以下内容：

（1）查阅了近几十年来国内外有关高强钢应用研究的文献，对高强钢材料性能、高强钢基本构件的极限承载能力与变形能力、高强钢构件的焊接连接、螺栓连接与节点受力性能和高强钢材料及构件的抗震性能的研究现状作了较为全面的总结和评述。

（2）采用分割法与盲孔法测试了 Q460 高强钢焊接箱形截面与焊接焰割边 H 形截面的残余应力大小与分布，两种方法吻合较好，试验结果准确可靠；然后，基于试验结果提出了简化的残余应力分布模型，可以作为初始缺陷，用于 Q460 高强钢基本构件承载力的数值模拟中；最后建立了有限元模型对焊接残余应力进行了数值模拟。

（3）以 7 根 Q460 高强钢焊接箱形柱与 6 根焊接焰割边 H 形柱进行了轴压试验，对试验现象与结果进行了分析。将试验测得的 Q460 高强钢焊接箱形柱和 H 形柱极限承载力与现有规范预测值进行了初步对比。

（4）分别以数值积分法与有限元法建立了考虑残余应力与初始几何缺陷数值模型，对 Q460 高强钢焊接箱形柱与 H 形柱对轴压试验进行了数值模拟，计算结果与试验吻合较好；然后以经验证的数值模型对 Q460 高强钢焊接箱形柱和 H 形柱的受压极限承载力进行参数分析，将参数分析结果与现有规范进行比较，提出 Q460 高强钢焊接箱形柱与 H 形柱的设计建议。

8.2　本课题的主要结论

通过对 Q460 高强钢焊接箱形柱与 H 形柱的试验研究与理论分析，主要得出了以下结论：

（1）考虑了残余应力、初始偏心和初始挠度的数值积分模型可以准确地预测 Q460 高强钢焊接箱形柱与 H 形柱的极限承载力，并能结合逆算法准确的预测试件从加载阶段到失稳后卸载阶段的弯曲变形值。

（2）考虑了残余应力、初始偏心和初始挠度的焊接箱形柱与 H 形柱，其有限元法与数值积分法的计算结果相互吻合。

（3）基于残余应力测试结果提出了 Q460 钢焊接箱形与 H 形截面简化残余应力分布模型，预测受压极限承载力时采用简化残余应力模型较采用实测残余应力分布的计算结果稍保守，该简化模型合理、准确。当个别试件因初始几何缺陷对试件弯曲的影响程度与因实际残余应力不对称分布对弯曲的影响程度较为接近时，采用简化模型的分析结果可能因两者影响弯曲方向的组合与实际情况不符而产生较大偏差。

（4）Q460 高强钢焊接箱形、H 形柱与普通强度钢柱相比，其极限承载力对初始几何缺陷的敏感性降低，柱的稳定系数有所提高。

（5）中厚板 Q460 高强钢焊接箱形柱可采用《钢结构设计规范》

(GB 50017—2003)中高于普通强度钢柱的 b 类柱子曲线。

(6) 中厚板 Q460 高强钢焰割边焊接 H 形柱绕弱轴与绕强轴稳定系数,可沿用《钢结构设计规范》(GB 50017—2003)中 b 类截面柱子曲线。

(7) 残余应力降低柱的稳定系数,但其影响效应随长细比变化。当柱趋于弹性失稳或强度破坏时,残余应力影响很小;当柱为弹塑性失稳时(正则化长细比为 0.4~1.2 时),残余应力影响显著。对于焊接箱形柱弹塑性失稳情况,当柱整体失稳时残余压应力区域部分进入塑性,残余压应力比越大,极限承载力降低越多;当柱整体失稳时残余压应力区域全部进入塑性,残余压应力比越大,极限承载力降低相对越少。

(8) 无外伸翼缘的焊接箱形柱,绕垂直于焊接边的对称轴弯曲失稳时较为不利;随着截面宽厚比的增大,绕两主轴失稳的极限承载力差别减小。

8.3 高强钢应用研究工作展望

8.3.1 高强钢在抗震区应用的思考

1. 不同规范中钢材拉伸力学性能的规定

我国为地震多发国家,高强钢构件及高强钢结构的抗震性能对高强钢的推广应用具有至关重要的作用。为确保地震区钢结构及构件具足够的塑性变形能力与耗能性能,《建筑抗震设计规范》(GB 50011—2010)[1]对地震区结构用钢的材料力学性能要求较《钢结构设计规范》(GB 50017—2003)[2]更为严格,主要体现为限定更严格的屈强比、伸长率材性指标(表 8-1)。钢材本身的特点使得屈服强度越高的钢材越难满足地震区的屈强比、伸长率指标,因此高强钢在地震区的应用受到了限制。

表 8-1　材料性能要求规范对比

《建筑抗震设计规范》(GB 50011—2010)	《钢结构设计规范》(GB 50017—2003)
① 钢材的实测值屈强比≤0.85 ② 钢材应有明显屈服台阶，伸长率≥20% ③ 钢材应有良好的焊接性、合格的冲击韧性	① 钢材的屈强比≤0.83 ② 钢材的伸长率≥15% ③ 相应于抗拉强度的应变≥20 倍屈服应变

随着钢材生产工艺的提高，以 TMCP 工艺为交货状态保证了钢材的高性能。热机械控制轧制交货状态不仅比正火轧制交货状态提高了钢材的强度，而且碳当量低，具有良好的可焊性。因此，高强钢在抗震结构中的应用所受主要限制为屈强比与伸长率指标。屈强比体现了钢材的强度储备，并影响构件的变形能力，如图 8-1 所示。图 8-1(a)中为有开孔或削弱的构件，f_y 为屈服强度，f_p 近似为抗拉强度，$N_y = Af_y$，$N_p = A_n f_p$，A 为构

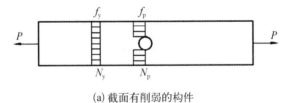

(a) 截面有削弱的构件

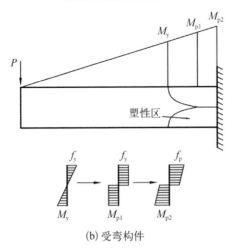

(b) 受弯构件

图 8-1　屈强比对构件延性的影响

件截面面积，A_n 为开孔处静截面面积。当钢材屈强比较大，有 $N_y > N_p$ 时，构件的非削弱部分将不产生塑性变形，构件的整体变形能力降低。图 8-1(b) 为受弯构件，M_y 为屈服弯矩，M_{pi} 为塑性弯矩。随着钢材屈强比的增大，M_{p1} 将更接近 M_{p2}，梁端塑性分布的扩展将受到限制，梁的转动变形能力降低。

断后伸长率既体现了材料的延性性能，是决定构件与结构延性的重要因素。结构及构件的延性对于其抗震性能起着至关重要的作用。随着钢材强度的提高，屈强比不断增大，伸长率不断减小，造成高强钢材料性能无法满足《建筑抗震设计规范》(GB 50011—2010) 的规定。为便于比较，将我国结构用钢 3 部标准中对钢材拉伸力学性能的规定概括列于表 8-2—表 8-4，分别为《碳素结构钢》(GB/T 700—2006)[3]、《建筑结构用钢板》(GB/T 19879—2005)[4] 与《低合金高强度结构钢》(GB/T 1591—2008)[5]。

表 8-2 《碳素结构钢》(GB/T 700—2006)中材料性能的规定

牌　号	屈服强度/MPa	抗拉强度/MPa	伸长率	屈强比
Q195	≥195	315～430	≥33%	≤0.62
Q215	≥215	335～450	≥31%	≤0.64
Q235	≥235	370～500	≥26%	≤0.64
Q275	≥275	410～540	≥22%	≤0.67

表 8-3 《建筑结构用钢板》(GB/T 19879—2005)中材料性能的规定

牌　号	屈服强度/MPa	抗拉强度/MPa	伸长率	屈强比
Q235GJ	≥235	400～510	≥23%	≤0.80
Q345GJ	≥345	490～610	≥22%	≤0.83
Q390GJ	≥390	490～650	≥20%	≤0.85
Q420GJ	≥420	520～680	≥19%	≤0.85
Q460GJ	≥460	550～720	≥17%	≤0.85

表 8-4　《低合金高强度结构钢》(GB/T 1591—2008)中材料性能的规定

牌　号	屈服强度 /MPa	抗拉强度 /MPa	伸长率	屈强比
Q345	≥345	470～630	≥20%	≤0.73
Q390	≥390	490～650	≥20%	≤0.80
Q420	≥420	520～680	≥19%	≤0.81
Q460	≥460	550～720	≥17%	≤0.84
Q500	≥500	610～770	≥17%	≤0.82
Q550	≥550	670～830	≥16%	≤0.82
Q620	≥620	710～880	≥15%	≤0.87
Q690	≥690	770～940	≥14%	≤0.90

通过对比表 8-1 要求与表 8-2—表 8-4 力学性能指标可以看出,各标准中名义屈服强度不小于 420 MPa 的钢材均不允许在抗震建筑中应用。而且,由于《钢结构设计规范》(GB 50017—2003)中只增补了 Q420 钢,Q460 及更高牌号钢材的应用也因没有充分的设计依据而受到限制。

2. 高强钢在地震区应用的两种思路

我国现行的《建筑抗震设计规范》(GB 50011—2010)采用的是"三水准设防,两阶段设计",即第一阶段设计在多遇地震作用下对结构的承载力、弹性变形进行验算以保证小震不坏,第二阶段设计在罕遇地震作用下对结构薄弱部位弹塑性变形进行验算以保证大震不坏,并通过合理的构造措施保证中震可修。在抗震设计过程中除了要使结构具有足够的刚度与承载力满足小震作用下的弹性验算,还要使结构具备足够的延性满足大震下的变形与耗能要求。影响结构延性主要因素有结构材料的延性、构件的延性以及合理的结构布置。

为了解决高强钢在地震区应用所面临的问题,本书根据抗震设计原理提出了两种解决思路:一种方法是通过提高延性较差的高强钢结构的地震作用,从而降低地震作用下结构及构件的延性需求;另一种方法是通过设置专门的屈服控制和耗能装置,使屈服控制和耗能装置在大震下首先屈服并产生塑性变形耗散地震能量,以避免高强钢构件在大震下进入塑性状态,从而减免高强钢构件在地震下的延性需求。

(1) 提高延性较差的高强钢结构的地震作用

如图 8-2 所示,如果结构有很好的延性,则可让结构较早屈服,通过塑性变形耗能抵抗地震作用,保证结构不严重破坏和倒塌。

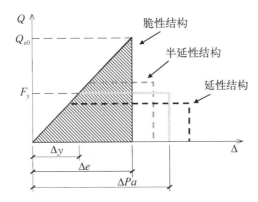

图 8-2　不同延性结构的不同地震作用需求

因此,延性好的结构,结构的承载力可设计得低些,或设计地震作用要求可低些。相反,如果结构的延性差,则结构的承载力应设计得高些,或设计地震作用要求高些,这样,在设计地震作用下,结构的延性需求可降低。

(2) 限制高强钢构件的屈服

从能力设计概念来考虑高强钢的应用,可以通过合理安排塑性铰出现的位置,通过延性构件屈服后的耗能来保证脆性构件在大震下始终处于弹性阶段,从而保证整个结构体系在大震下的安全。

大量的震害实例、试验研究与理论分析结果表明,变形能力不足和耗能能力不足是结构在大震作用下倒塌的主要原因。若要确保高强钢结构在大震作用下不发生倒塌,就要求结构具有足够的变形能力并能形成有效的耗能机制。半刚接节点具有良好的变形能力,并具备一定的耗能能力[6],因此可采用半刚性框架结构来保证良好的变形能力,如图 8 - 3 所示。为保证高强钢结构具有足够的抵抗地震和风的抗侧刚度和承载力,及在大震下具有足够的耗能能力,可设置专门的抗侧力耗能构件。根据不同的抗侧力体系可选择低屈服点防屈曲支撑或低屈服点防屈曲钢板墙等。耗能构件作为结构的"保险丝",在大震下首先屈服,通过塑性变形来耗散作用在结构上的地震能量,从而使得体系中具有足够的强度的高强钢构件在大震下处于弹性状态。耗能构件需进行单独的计算设计以满足产品自身的延性耗能指标。

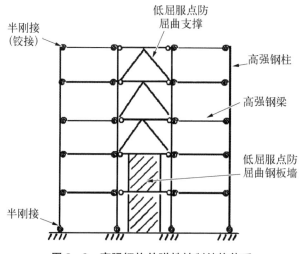

图 8 - 3　高强钢构件弹性控制结构体系

这种方法通过选择合理的结构体系及设置专门耗能构件,结合了半刚接节点的良好变形能力与耗能构件的性能,在保持高强钢构件处于弹性状态的同时保障了结构的抗震性能(变形及耗能能力),弥补了高强钢延性方面的不足。

另外,考虑到高强钢构件的延性较差,从保证建筑结构的可靠度方面考虑,可根据高强结构钢的力学性能对高强钢构件的破坏类型分类,对非延性破坏的构件提出更高的设计目标可靠指标要求。

我国《建筑结构可靠度设计统一标准》(GB 50068—2001)[7]将结构构件极限承载力状态下的可靠指标分为脆性破坏与延性破坏两类,并给出了最小限值。本书根据钢材的拉伸试验性能指标将高强钢构件划分为延性构件、半延性构件与脆性构件,分类标准如表8-5所示。进而在《建筑结构可靠度设计统一标准》(GB 50068—2001)的可靠指标中增加半延性破坏一类,并将脆性破坏的可靠指标提高0.5(表8-6)。当确定高强钢构件上作用的分项系数 γ_F(可变荷载分项系数 γ_Q)时,应根据钢材的力学性能将高强钢构件按照表8-5确定破坏类型,然后选取表8-6中规定的可靠指标进行计算。由于提高了非延性破坏构件的荷载分项系数,结构极限承载力状态下的地震作用效应被放大,要求结构具有更高的承载力与抗侧能力,保证了结构的安全。

表8-5　高强钢构件延性分类标准

材料指标	延性构件	半延性构件	脆性构件
伸长率	≥20%	≥14%	≤10%
屈强比	≤0.85	≤0.9	—

表8-6　高强钢构件可靠指标

破坏类型	安全等级		
	一级	二级	三级
延性破坏	3.7	3.2	2.7
半延性破坏	4.2	3.7	3.2
脆性破坏	4.7	4.2	3.7

此方法的实质是以提高脆性破坏构件的可靠度来保证构件的安全,即通过更加严格的限制结构构件失效概率以防止脆性破坏可能造成的更严重后果。

8.3.2　高强钢应用仍需开展的研究

近年来 Q460 高强钢在我国逐渐得到了应用,而现有钢结构设计规范《钢结构设计规范》(GB 50017—2003)所包含的结构用钢最高牌号为 Q420,现有钢结构规范是否适用于 Q460 及更高屈服强度的高强钢构件的设计成为应用中亟待解决的问题。弹性设计阶段,初始残余应力与初始几何缺陷对高强钢构件整体稳定、局部稳定和极限承载力的影响需要重新审视;塑性设计阶段与抗震结构的设计,要着重考察高强钢结构基本构件的变形能力与连接性能,确保构件有足够的变形能力以使内力重新分布,并确保结构在强震作用下形成合理的耗能机制以避免倒塌。将高强钢在工程中应用(包括抗震地区的应用)所面临的问题,按照由材料到构件、结构体系的顺序归纳,仍需对以下八个方面开展研究:

(1) 材性统计研究(确定抗力分项系数);

(2) 各种基本构件的极限承载力研究;

(3) 受弯构件(纯弯与压弯)的滞回特性与滞回模型;

(4) 高强钢构件的连接;

(5) 高强钢构件的疲劳;

(6) 高强度钢结构体系;

(7) 高强度钢结构目标可靠度与设计分项系数;

(8) 高强度钢结构地震作用与抗震设计要求。

参考文献

第 1 章

［ 1 ］ Bjorhovde R. Development and use of high performance steel［J］. Journal of Constructional Steel Research，2004，60(3-5)：393-400.

［ 2 ］ Veljkovic M，Johansson B. Design of hybrid steel girders［J］. Journal of Constructional Steel Research，2004，60(3-5)：535-547.

［ 3 ］ Haaijer G. Economy of high strength steel structural members［J］. Journal of the Structural Division，1961，87(8)：1-23.

［ 4 ］ Collin P，Johansson B. Bridges in high strength steel［C］// Responding to Tomorrow's Challenges in Structural Engineering IABSE Symposium. Zurich，Switzerland：ETH Honggerberg，2006：434-435.

［ 5 ］ Günther H P. Use and application of high-performance steels for steel structures［M］. Zurich，Switzerland：ETH Honggerberg，2006.

［ 6 ］ Long H V，Jean-François D，Lam L D P，et al. Field of application of high strength steel circular tubes for steel and composite columns from an economic point of view［J］. Journal of Constructional Steel Research，2011，67(6)：1001-1021.

［ 7 ］ Rosier G A，Croll J E. High strength quenched and tempered steels in structures

[M]. Seminar papers of association of consulting structural engineers of New South Wales, Steel in Structures. Sydney, Australia, 1987.

[8] Pocock G. High strength steel use in Australia, Japan and the US[J]. Structural Engineer, 2006, 84(21): 27 - 30.

[9] Shi G, Ban H Y, Shi Y J, et al. Recent research advances on the buckling behavior of high strength and ultra-high strength steel structures[C]// Proceedings of the 2nd International Conference on Technology of Architecture and Structure. Shanghai, 2009: 75 - 89.

[10] Wright W. High-performance steel: Research to practice[J]. Public Roads, 1997, 60(4): 34 - 34.

[11] Lucken H, Kern A, Schriever U. High-performance steel Grades for special applications in ships and offshore constructions[C]// Proceedings of the 18th 2008 International Offshore and Polar Engineering Conference, ISOPE 2008, July 6, 2008 - July 11, 2008, Vancouver, BC. Canada: International Society of Offshore and Polar Engineers, 2008: 211 - 216.

[12] Corbett K T, Bowen R R, Petersen C W. High strength steel pipeline economics [C]//Honolulu, HI, United states: International Society of Offshore and Polar Engineers, 2003: 2355 - 2362.

[13] 曹现雷,郝际平,张天光. 新型 Q460 高强度钢材在输电铁塔结构中的应用[J]. 华北水利水电学院学报, 2011, 32(1): 79 - 82.

[14] 曹晓春,甘国军,李翠光. Q460E 钢在国家重点工程中的应用[J]. 焊接技术, 2007 (S1): 12 - 15.

[15] 李正良,刘红军,张东英,等. Q460 高强钢在 1 000 kV 杆塔的应用[J]. 电网技术, 2008, 32(24): 1 - 5.

[16] Fukumoto Y. New constructional steels and structural stability[J]. Engineering Structures, 1996, 18(10): 786 - 791.

[17] Ban H, Shi G, Shi Y, et al. Research progress on the mechanical property of high strength structural steels[C]// Proceedings of the 1st International

Conference on Civil Engineering, Architecture and Building Materials, CEABM 2011, June 18, 2011 - June 20, 2011. Haikou, China: Trans Tech Publications, 2011: 640 - 648.

[18] 班慧勇, 施刚, 石永久, 等. 超高强度钢材焊接截面残余应力分布研究[J]. 工程力学, 2008(S2): 57 - 61.

[19] 李国强, 王彦博, 陈素文, 等. Q460 高强钢焊接箱形柱轴心受压极限承载力参数分析[J]. 建筑结构学报, 2011, 32(11): 149 - 155.

[20] 中华人民共和国建设部, 中华人民共和国国家质量监督检验检疫总局. GB 50017—2003 钢结构设计规范[S]. 北京: 中国计划出版社, 2003.

第 2 章

[1] Bjorhovde R. Development and use of high performance steel[J]. Journal of Constructional Steel Research, 2004, 60(3 - 5): 393 - 400.

[2] Nishino F, Ueda Y, Tall L. Experimental investigation of the buckling of plates with residual stresses[C]//Proceedings of the Test Methods for Compression Members. Philadelphia, PA: ASTM Special Technical Publication, 1967: 12 - 30.

[3] Mcdermott J F. Local plastic buckling of A514 Steel members[J]. Journal of the Structural Division, ASCE, 1969, 95(9): 1837 - 1850.

[4] Mcdermott J F. Plastic bending of A514 Steel Beams[J]. Journal of the Structural Division, 1969, 95(9): 1851 - 1871.

[5] Usami T, Fukumoto Y. Local and overall buckling of welded box columns[J]. Journal of the Structural Division, 1982, 108(ST3): 525 - 542.

[6] Usami T, Fukumoto Y. Welded box compression members[J]. Journal of Structural Engineering, 1984, 110(10): 2457 - 2470.

[7] Rasmussen K J R, Hancock G J. Plate slenderness limits for high strength steel sections[J]. Journal of Constructional Steel Research, 1992, 23(1 - 3): 73 - 96.

[8] Rasmussen K J R, Hancock G J. Tests of high strength steel columns[J].

Journal of Constructional Steel Research, 1995, 34(1): 27 - 52.

[9] Beg D, Hladnik L. Slenderness limit of Class 3 I cross-sections made of high strength steel[J]. Journal of Constructional Steel Research, 1996, 38(3): 201 - 217.

[10] Driver R G, Grondin G Y, Macdougall C. Fatigue research on high-performance steels in Canada[M]//Use and Application of High-Performance Steels for Steel Structures. Zurich, Switzerland, ETH Honggerberg, 2006: 45 - 55.

[11] Fukumoto Y. New constructional steels and structural stability[J]. Engineering Structures, 1996, 18(10): 786 - 791.

[12] Galambos T, Hajjar J, Earls C, et al. Required properties of high-performance steels[J]. Report NISTIR, 1997, 6004.

[13] Shi G, Ban H Y, Shi Y J, et al. Recent research advances on the buckling behavior of high strength and ultra-high strength steel structures [C]// Proceedings of the 2nd International Conference on Technology of Architecture and Structure. Shanghai, 2009: 75 - 89.

[14] 刘兵.高强度结构钢轴心受压构件抗火性能研究[D].重庆：重庆大学,2010.

[15] 王元清,林云,张延年,等.高强度钢材 Q460C 低温力学性能试验[J].沈阳建筑大学学报(自然科学版),2011,27(4): 646 - 652.

[16] Gao L, Sun H, Jin F, et al. Load-carrying capacity of high-strength steel box-sections I: Stub columns[J]. Journal of Constructional Steel Research, 2009, 65(4): 918 - 924.

[17] Shi G, Bijlaard F S K. Finite element analysis on the buckling behaviour of high strength steel columns[C]//Proceedings of the 5th International Conference on Advances in Steel Structures. Singapore, 2007: 504 - 510.

[18] 曹现雷,郝际平,张天光,等.单边连接高强角钢受压力学性能的试验研究[J].工业建筑,2009,39(11): 108 - 112.

[19] 班慧勇,施刚,刘钊,等.Q420 等边角钢轴压杆整体稳定性能试验研究[J].建筑结构学报,2011,32(02): 60 - 67.

［20］ 施刚,刘钊,班慧勇,等.高强度等边角钢轴心受压局部稳定的试验研究［J］.工程力学,2011,28(07)：45－52.

［21］ 施刚,班慧勇,F. S. K. B,等.端部带约束的超高强度钢材受压构件整体稳定受力性能［J］.土木工程学报,2011,44(10)：17－25.

［22］ 李国强,王彦博,陈素文,等.Q460高强钢焊接箱形柱轴心受压极限承载力参数分析［J］.建筑结构学报,2011,32(11)：149－155.

［23］ 李国强,王彦博,陈素文.高强钢焊接箱形柱轴心受压极限承载力试验研究［J］.建筑结构学报,2012,33(3)：8－14.

［24］ Kuwamura H. Effect of yield ratio on the ductility of high strength steels under seismic loading［C］//Proceedings of the Annual Technic Session, Structure Stability Research Council. Minneapolis, MN, 1988.

［25］ Kato B. Deformation capacity of steel structures［J］. Journal of Constructional Steel Research, 1990, 17(1－2)：33－94.

［26］ Kato B. Role of strain-hardening of steel in structural performance［J］. ISIJ International, 1990, 30(11)：1003－1009.

［27］ Earls C J. Suitability of current design practice in the proportioning of high performance steel girders and beams［C］//Proceedings of the 17th International Bridge Conference. Pittsburgh：Engineers' Society of Western Pennsylvania, 2000：91－98.

［28］ Fruehan F J. The making, shaping and treating of steel：steelmaking and refining volume［M］. 11th ed. Pittsburgh：The AISE Steel Foundation, 1998.

［29］ Bjorhovde R, Engestrom M F, Griffis L G, et al. Structural steel selection considerations.［M］. Reston and Chicago：ASCE and AISC, 2001.

［30］ Lwin M M. High performance steel designers' guide［M］. 2nd ed. San Francisco：Western Resource Center, Federal Highway Administration, US Department of Transportation, 2002.

［31］ Ricles J M, Sause R, Green P S. High-strength steel：implications of material and geometric characteristics on inelastic flexural behavior［J］. Engineering

Structures，1998，20(4 - 6)：323 - 335.

[32] Sause R，Fahnestock L A. Strength and Ductility of HPS - 100W I-Girders in Negative Flexure[J]. Journal of Bridge Engineering，2001，6(5)：316 - 323.

[33] Green P S，Sause R，Ricles J M. Strength and ductility of HPS flexural members [J]. Journal of Constructional Steel Research，2002，58(5 - 8)：907 - 941.

[34] Wheeler A，Russell B. Behaviour and design of webs in high strength steel under flexural loading[C]//Shen Z Y，Li G Q，Chan S L. Fourth International Conference on Advances in Steel Structures. Oxford：Elsevier Science Ltd. 2005：137 - 142.

[35] Earls C J. On the inelastic failure of high strength steel I-shaped beams[J]. Journal of Constructional Steel Research，1999，49(1)：1 - 24.

[36] Earls C J. Influence of material effects on structural ductility of compact I-Shaped Beams[J]. Journal of Structural Engineering，2000，126(11)：1268 -1278.

[37] Barth K E，White D W，Bobb B M. Negative bending resistance of HPS70W girders[J]. Journal of Constructional Steel Research，2000，53(1)：1 - 31.

[38] Earls C J. Constant moment behavior of high-performance steel I-shaped beams [J]. Journal of Constructional Steel Research，2001，57(7)：711 - 728.

[39] Earls C J，Shah B J. High performance steel bridge girder compactness[J]. Journal of Constructional Steel Research，2002，58(5 - 8)：859 - 880.

[40] Thomas S J，Earls C J. Cross-Sectional Compactness and Bracing Requirements for HPS483W Girders[J]. Journal of Structural Engineering，2003，129(12)：1569 - 1583.

[41] American Association of State Highway Transportation Officals. AASHTO LRFD bridge design specificaions[S]. 2nd ed. Washington DC：AASHTO，1998.

[42] Load and resistance factor design specification for structural steel buildings (LRFD)[S]. Chicago：American Institute of Steel Construction，1993.

[43] Fisher J W，Wright W J. High performance steel enhances the fatigue and

fracture resistance of steel bridge structures[J]. International Journal of Steel Structures, 2001, 1(1): 1 – 7.

[44] Veljkovic M, Johansson B. Design of hybrid steel girders [J]. Journal of Constructional Steel Research, 2004, 60(3 – 5): 535 – 547.

[45] Driver R G, Abbas H H, Sause R. Local buckling of grouted and ungrouted internally stiffened double-plate HPS webs[J]. Journal of Constructional Steel Research, 2002, 58(5 – 8): 881 – 906.

[46] Sause R, Abbas H, Kim B G, et al. Innovative high performance steel bridge girders[C]//Proceedings of the 2001 Structures Congress and Exposition, Structures 2001, May 21, 2001 – May 23, 2001. Washington DC, United states: American Society of Civil Engineers, 2004.

[47] Kim H J, Yura J A. The effect of ultimate-to-yield ratio on the bearing strength of bolted connections[J]. Journal of Constructional Steel Research, 1999, 49 (3): 255 – 269.

[48] Puthli R, Fleischer O. Investigations on bolted connections for high strength steel members[J]. Journal of Constructional Steel Research, 2001, 57(3): 313 – 326.

[49] Rex C O, Easterling W S. Behavior and modeling of a bolt bearing on a single plate[J]. Journal of Structural Engineering, 2003, 129(6): 792 – 800.

[50] Može P, Beg D, Lopatič J. Net cross-section design resistance and local ductility of elements made of high strength steel[J]. Journal of Constructional Steel Research, 2007, 63(11): 1431 – 1441.

[51] Može P, Beg D. High strength steel tension splices with one or two bolts[J]. Journal of Constructional Steel Research, 2010, 66(8 – 9): 1000 – 1010.

[52] Dusicka P, Lewis G. High strength steel bolted connections with filler plates [J]. Journal of Constructional Steel Research, 2010, 66(1): 75 – 84.

[53] Može P, Beg D. Investigation of high strength steel connections with several bolts in double shear[J]. Journal of Constructional Steel Research, 2011, 67(3):

333 - 347.

[54] Huang Y H, Onishi Y, Hayashi K. Inelastic behavior of high strength steels with weld connections under cyclic gradient stress[C]//Proceedings of the 11th Wold Conference on Earthquake Engineering. Pergamon, 1996: 1745.

[55] Kolstein M, Bijlaard F, Dijkstra O. Deformation capacity of welded joints using very high strenght steel[C]//Proceedings of the Fifth International Conference on Advances in Steel Structures. Singapore, 2007.

[56] Zrilic M, Grabulov V, Burzic Z, et al. Static and impact crack properties of a high-strength steel welded joint[J]. International Journal of Pressure Vessels and Piping, 2007, 84(3): 139 - 150.

[57] Muntean N, Stratan A, Dubina D. Strength and ductility performance of welded connections between high strength and mild carbon steel components: experimental evaluation [C]//Proceedings of the 11th WSEAS International Conference on Sustainability in Science Engineering. Athens, Greece: WSEAS Press, 2009: 387 -394.

[58] Mang F, Bucak O, Stauf H. Fatigue behaviour of high-strength steels, welded hollow section joints and their connections [C]//Proceedings of the 12th International Conference on Offshore Mechanical and Arctic Engineering (OMAE 1993), June 20, 1993 - June 24, 1993. Glasgow, Scotland, Engl: Publ by ASME, 1993: 709 - 714.

[59] Barsoum Z, Gustafsson M. Fatigue of high strength steel joints welded with low temperature transformation consumables [J]. Engineering Failure Analysis, 2009, 16(7): 2186 - 2194.

[60] Costa J D M, Ferreira J A M, Abreu L P M. Fatigue behaviour of butt welded joints in a high strength steel[C]//Proceedings of the 10th International Fatigue Congress, FATIGUE 2010, June 6, 2010 - June 11, 2010. Prague, Czech republic: Elsevier Ltd, 2010: 697 - 705.

[61] Girão Coelho A M, Bijlaard F S K. Experimental behaviour of high strength steel

end-plate connections[J]. Journal of Constructional Steel Research，2007，63
(9)：1228 - 1240.

[62] Girāo Coelho A M，Bijlaard F S K，Kolstein H. Experimental behaviour of high-strength steel web shear panels[J]. Engineering Structures，2009，31 (7)：
1543 - 1555.

[63] Girao Coelho A M，Bijlaard F S K. Finite element evaluation of the strength
behaviour of high-strength steel column web in transverse compression[J]. Steel
and Composite Structures，2010，10(Compendex)：385 - 414.

[64] Kuwamura H，Kato B. Inelastic behavior of high strength steel members with
low yield ratio[C]//Proceedings of the Pacific Structural Steel Conference，Gold
Coast，Australia，1989.

[65] Kuwamura H，Suzuki T. Low-cycle fatigue resistance of welded joints of high-strength steel under earthquake loading[C]//Proceedings of the Tenth World
Conference on Earthquake Engineering 10 vols，Jul 19 - 24 1992. Madrid，Spain：
Publ by Balkema A A，1992：2851 - 2851.

[66] Dubina D，Stratan A，Dinu F. Dual high-strength steel eccentrically braced
frames with removable links [J]. Earthquake Engineering and Structural
Dynamics，2008，37(15)：1703 - 1720.

[67] 王飞,施刚,戴国欣,等. 屈强比对钢框架抗震性能影响研究进展[J]. 建筑结构
学报,2010,(S1)：18 - 22.

[68] 邓椿森,施刚,张勇,等.高强度钢材压弯构件循环荷载作用下受力性能的有限元
分析[J].建筑结构学报,2010,31(S1)：28 - 34.

[69] 崔嵬. Q460 高强钢柱的滞回模型[D].上海：同济大学,2011.

[70] North American Steel Framing Aliance. Prescriptive method for residential cold-formed steel framing[S]. 2000.

[71] Rogers C A，Hancock G J. Ductility of G550 Sheet Steels in Tension[J]. Journal
of Structural Engineering，1997，123(12)：1586 - 1594.

[72] Rogers C A，Hancock G J. Bolted connection tests of Thin G550 and G300 sheet

steels[J]. Journal of Structural Engineering, 1998, 124(7): 798 - 808.

[73] Standards Australia/Standards New Zealand. Cold-formed steel structures, AS/NZS 4600: 1996[S]. Sydney, Australia, 1996.

[74] Rogers C A, Hancock G J. Screwed connection tests of thin G550 and G300 sheet steels[J]. Journal of Structural Engineering, 1999, 125(2): 128 - 136.

[75] Rogers C A, Hancock G J. Fracture toughness of G550 sheet steels subjected to tension[J]. Journal of Constructional Steel Research, 2001, 57(1): 71 - 89.

[76] Yang D, Hancock G J. Compression tests of cold-reduced high strength steel sections I: Stub columns[J]. Journal of Structural Engineering, 2004, 130(11): 1772 - 1781.

[77] Yang D, Hancock G J, Rasmussen K J R. Compression tests of cold-reduced high strength steel sections. II: Long Columns [J]. Journal of Structural Engineering, 2004, 130(11): 1782 - 1789.

[78] Yang D, Hancock G J. Numerical simulation of high-strength steel box-shaped columns failing in local and overall buckling modes[J]. Journal of Structural Engineering, 2006, 132(4): 541 - 549.

[79] Yang D, Hancock G J. Compression tests of high strength steel channel columns with interaction between local and distortional buckling[J]. Journal of Structural Engineering, 2004, 130(12): 1954 - 1963.

[80] Teh L H, Hancock G J. Strength of welded connections in G450 sheet steel[J]. Journal of Structural Engineering, 2005, 131(10): 1561 - 1569.

[81] Yap D C Y, Hancock G J. Experimental study of complex high-strength cold-formed cross-shaped steel section[J]. Journal of Structural Engineering, 2008, 134(8): 1322 - 1333.

[82] Pham C H, Hancock G J. Experimental investigation of high strength cold-formed c-sections in combined bending and shear [J]. Journal of Structural Engineering, 2010, 136(7): 866 - 878.

[83] Yap D C Y, Hancock G J. Experimental study of high-strength cold-formed

stiffened-web c-sections in compression[J]. Journal of Structural Engineering, 2011, 137(2): 162-172.

[84] 李元齐,沈祖炎,王磊,等.屈服强度 550 MPa 高强冷弯薄壁型钢结构轴压构件承载力计算模式研究[J].建筑结构学报,2006,27(03):18-25.

[85] 沈祖炎,李元齐,王磊,等.屈服强度 550 MPa 高强冷弯薄壁型钢结构轴心受压构件可靠度分析[J].建筑结构学报,2006,27(03):26-33,41.

[86] 李元齐,王磊,沈祖炎,等.屈服强度 550 MPa 高强冷弯薄壁型钢轴压构件承载力设计[J].建筑结构,2006,36(08):1-5.

[87] 李元齐,王树坤,沈祖炎,等.高强冷弯薄壁型钢卷边槽形截面轴压构件试验研究及承载力分析[J].建筑结构学报,2010,31(11):17-25.

[88] 李元齐,刘翔,沈祖炎,等.高强冷弯薄壁型钢卷边槽形截面偏压构件试验研究及承载力分析[J].建筑结构学报,2010,31(11):26-35,44.

[89] 李元齐,沈祖炎,王磊,等.高强冷弯薄壁型钢卷边槽形截面构件设计可靠度分析[J].建筑结构学报,2010,31(11):36-44.

[90] 李元齐,刘翔,沈祖炎,等.高强冷弯薄壁型钢卷边槽形截面轴压构件畸变屈曲控制试验研究[J].建筑结构学报,2010,31(11):10-16.

[91] 姚行友,李元齐,沈祖炎.高强冷弯薄壁型钢卷边槽形截面轴压构件畸变屈曲性能研究[J].建筑结构学报,2010,31(11):1-9.

[92] 李元齐,姚行友,沈祖炎,等.高强冷弯薄壁型钢抱合箱形截面受压构件承载力试验研究[J].建筑结构,2011,41(06):36-41.

第 3 章

[1] 王元良.焊接及焊接结构[M].北京:中国铁道出版社,1986 年.

[2] Tebedge N, Tall L. Residual stress in structural steel shapes — A summary of measured values, Fritz Laboratory Report[R]. Lehigh University, 1973.

[3] 王国周,赵文蔚.焊接与热轧工字钢残余应力的测定[J].工业建筑,1986(07):32-37.

[4] Fukumoto Y. New constructional steels and structural stability[J]. Engineering

Structures，1996，18(10)：786－791.

[5]　刘兵.高强度结构钢轴心受压构件抗火性能研究[D].重庆：重庆大学,2010.

[6]　Nishino F，Ueda Y，Tall L. Experimental investigation of the buckling of plates with residual stresses[C]//Proceedings of the Test Methods for Compression Members，Philadelphia，PA，F. ASTM Special Technical Publication，1967.

[7]　Usami T，Fukumoto Y. Local and overall buckling of welded box columns[J]. Journal of the Structural Division，1982，108(ST3)：525－542.

[8]　Usami T，Fukumoto Y. Welded box compression members[J]. Journal of Structural Engineering，1984，110(10)：2457－2470.

[9]　Rasmussen K J R，Hancock G J. Plate slenderness limits for high strength steel sections[J]. Journal of Constructional Steel Research，1992，23(1－3)：73－96.

[10]　Rasmussen K J R，Hancock G J. Tests of high strength steel columns[J]. Journal of Constructional Steel Research，1995，34(1)：27－52.

[11]　Tebedge N，Alpsten G，Tall L. Residual-stress measurement by the sectioning method[J]. Experimental Mechanics，1973，13(2)：88－96.

[12]　中国船舶工业总公司.中华人民共和国船舶行业标准(CB 3395—92)残余应力测试方法钻孔应变释放法[S].1992.

[13]　Standard Test Method for Determining Residual Stresses by the Hole-Drilling Strain-Gage Method：E837－08e1[S]. PA，United States，ASTM International，2009.

[14]　Clarin M，Lagerqvist O，Shen Z Y，et al. Residual stresses in square hollow sections made of high strength steel[M]. Fourth International Conference on Advances in Steel Structures. Oxford：Elsevier Science Ltd. 2005：1577－1582.

[15]　国家质量技术监督局.钢及钢产品力学性能试验取样位置及试样制备：GB/T 2975—1998[S].北京：中国标准出版社,1998.

[16]　中华人民共和国国家质量监督检验检疫总局.金属材料室温拉伸试验方法：GB/T 228—2002[S].北京：中国标准出版社,2002.

[17]　Beghini M，Bertini L，Raffaelli P. An account of plasticity in the hole-drilling

method of residual-stress measurement［J］. Journal of Strain Analysis for
Engineering Design，1995，30(3)：227－233.

［18］ Barroso A，Cañas J，Picón R，et al. Prediction of welding residual stresses and
displacements by simplified models. Experimental validation［J］. Materials &
Design，2010，31(3)：1338－1349.

［19］ Masubuchi K. Analysis of Welded Structures［M］. Oxford：Oxford Pergamon
Press，1980.

［20］ Odar E，Nishino F，Tall L. Residual Stresses in Welded Built-up T－1 Shapes，
Fritz Laboratory Report，290.8［R］. Lehigh University，1965.

［21］ 上田幸雄,村川英一,麻宁绪.焊接变形和残余应力的数值计算方法与程序[M].
成都：四川大学出版社,2008.

［22］ 常婧.DH40高强钢大厚板焊接及焊接残余应力有限元分析[D].镇江：江苏科
技大学,2011.

第4章

［1］ Nishino F，Ueda Y，Tall L. Experimental investigation of the buckling of plates
with residual stresses［C］//Proceedings of the Test Methods for Compression
Members. Philadelphia，PA：ASTM Special Technical Publication，1967：
12－30.

［2］ Usami T，Fukumoto Y. Local and overall buckling of welded box columns［J］.
Journal of the Structural Division，1982，108(ST3)：525－542.

［3］ Usami T，Fukumoto Y. Welded box compression members［J］. Journal of
Structural Engineering，1984，110(10)：2457－2470.

［4］ Rasmussen K J R，Hancock G J. Plate slenderness limits for high strength steel
sections［J］. Journal of Constructional Steel Research，1992，23(1－3)：73－96.

［5］ Rasmussen K J R，Hancock G J. Tests of high strength steel columns［J］.
Journal of Constructional Steel Research，1995，34(1)：27－52.

［6］ 班慧勇,施刚,石永久,等.超高强度钢材焊接截面残余应力分布研究[J].工程力

学,2008,(S2):57-61.

[7] 王彦博.焊接截面纵向残余应力变化规律[J].建筑结构,2010,40(S1):204-208.

[8] GB 50017—2003 钢结构设计规范[S].北京:中国计划出版社,2003.

[9] Design of steel structures, Part 1-1: General rules and rules for buildings, EN 1993-1-1: Eurocode 3[S]. Brussels: European Committee for Standardization, 2005.

[10] 国家质量技术监督局.GB/T 2975—1998 钢及钢产品力学性能试验取样位置及试样制备[S].北京:中国标准出版社,1998.

[11] 中华人民共和国国家质量监督检验检疫总局.GB/T 228—2002 金属材料室温拉伸试验方法[S].北京:中国标准出版社,2002.

第 5 章

[1] Shen Z Y, Lu L W. Analysis of initially crooked, end restrained steel columns [J]. Journal of Constructional Steel Research, 1983, 3(1): 10-18.

[2] 李开禧,肖允徽,饶晓峰,等.钢压杆的柱子曲线[J].重庆建筑大学学报,1985,(01):24-33.

[3] 中华人民共和国建设部,中华人民共和国国家质量监督检验检疫总局.钢结构设计规范:GB 50017—2003[S].北京:中国计划出版社,2003.

第 6 章

[1] Rasmussen K J R, Hancock G J. Plate slenderness limits for high strength steel sections[J]. Journal of Constructional Steel Research, 1992, 23(1-3): 73-96.

[2] Rasmussen K J R, Hancock G J. Tests of high strength steel columns[J]. Journal of Constructional Steel Research, 1995, 34(1): 27-52.

[3] Beg D, Hladnik L. Slenderness limit of Class 3 I cross-sections made of high strength steel[J]. Journal of Constructional Steel Research, 1996, 38(3): 201-217.

［4］ Sivakumaran K S，Yuan B. Slenderness limits and ductility of high strength steel sections［J］. Journal of Constructional Steel Research，1998，46（1－3）：149－151.

［5］ 中华人民共和国建设部,中华人民共和国国家质量监督检验检疫总局. GB 50017—2003 钢结构设计规范［S］.北京：中国计划出版社,2003.

［6］ Design of steel structures，Part 1－1：General rules and rules for buildings，EN 1993－1－1：Eurocode 3［S］. Brussels：European Committee for Standardization，2005.

［7］ 国家质量技术监督局.GB/T 2975—1998 钢及钢产品力学性能试验取样位置及试样制备［S］.北京：中国标准出版社,1998.

［8］ 中华人民共和国国家质量监督检验检疫总局.(GB/T 228—2002)金属材料室温拉伸试验方法［S］.北京：中国标准出版社,2002.

第 7 章

［1］ Wang Y B，Li G Q，Chen S W，et al. Experimental study on high strength steel columns — The ultimate bearing capacity of H－section columns under axial compression［C］//Proceedings of the 6th European Conference on Steel and Composite Structures. Budapest，Hungary，F，2011.

［2］ 李开禧,肖允徽,饶晓峰,等.钢压杆的柱子曲线［J］.重庆建筑大学学报,1985,(01)：24－33.

［3］ 中华人民共和国建设部,中华人民共和国国家质量监督检验检疫总局. GB 50017—2003 钢结构设计规范［S］.北京：中国计划出版社,2003.

［4］ European Convention for Constructional Steelwork. Manual on stability of steel structures［M］. ECCS Publication，1976.

［5］ Design of steel structures，Part 1－12：Additional rules for the extension of EN 1993 up to steel grades S700，EN 1993－1－12：Eurocode 3［S］. Brussels：European Committee for Standardization，2007.

［6］ Design of steel structures，Part 1－1：General rules and rules for buildings，EN

1993－1－1：Eurocode 3[S]．Brussels：European Committee for Standardization，2005.

第8章

[1] 中华人民共和国住房和城乡建设部,中华人民共和国国家质量监督检验检疫总局.GB 50011—2010 建筑抗震设计规范[S].北京：中国建筑工业出版社,2010.

[2] 中华人民共和国建设部,中华人民共和国国家质量监督检验检疫总局. GB 50017—2003 钢结构设计规范[S].北京：中国计划出版社,2003.

[3] 中华人民共和国国家质量监督检验检疫总局,中国国家标准化管理委员会.GB/T 700—2006 碳素结构钢[S].北京：中国标准出版社,2006.

[4] 中华人民共和国国家质量监督检验检疫总局,中国国家标准化管理委员会.GB/T 19879—2005 建筑结构用钢板[S].北京：中国标准出版社,2005.

[5] 中华人民共和国国家质量监督检验检疫总局,中国国家标准化管理委员会.GB/T 1591—2008 低合金高强度结构钢[S].北京：中国标准出版社,2008.

[6] 谢小松.半刚接钢框架的抗震性能研究及工程应用[D].福州：福州大学,2004.

[7] 中华人民共和国建设部,中华人民共和国国家质量监督检验检疫总局. GB 50068—2001 建筑结构可靠度设计统一标准[S].北京：中国建筑工业出版社,2001.

后 记

专著即将完成之际，回想攻读博士学位的 4 年读书生活，颇有感慨。看着自己学习和研究的点滴最终汇聚成册，欣喜之余，希望对这些年在学习、研究与生活当中给予帮助和支持的老师、同学及家人表达真诚的感谢！

经师易遇，人师难求。能够成为导师李国强教授的学生，在您的指导下进行学习与科研工作，是学生通过努力争取到的幸运。您对基本概念掌握情况的考察极为严格，以保障学生具有扎实的专业基础进行研究工作；您在学术问题上开阔的视野与敏锐的洞察力也使得学生的努力更有成效。然而，更让学生感谢和敬佩的是，您不曾因工作繁忙而减少对学生的关怀，而牺牲的是您的休息时间。每当看到您深夜仍在办公室批阅报告或论文，每次收到您在出差途中或会议间隙迅速回复的详尽解答，学生都提醒自己要自律不可懈怠。您的谦逊与豁达也鞭策着学生不断充实自己。研究室陈素文副教授、孙飞飞副教授、蒋首超副研究员，新加坡国立大学联合培养导师 J. Y. Richard Liew 教授，对本课题的研究工作给予了极有价值的指导和建议，并为我提供了各种学习与实践的机会。研究室刘玉姝、何亚楣、陆烨、楼国彪和雷爱君等老师在学习与生活中给予我无私的帮助和关怀。我在这里对各位老师表示真诚的感谢！

学贵得师，亦贵得友。多高层钢结构和钢结构抗火研究室是一个具有优良传统的研究团队，也是一个亲密、温馨的大家庭。各位亲爱的兄弟姐妹亦师亦友，在你们的帮助与陪伴下，读书生活留下更多的是快乐与留恋，与你们朝夕相处的美好回忆是我人生的宝贵财富！他们是陈超政、王开强、李现辉、魏金波、司林军、张哲、李亮、王玲玲、瞿海雁、郭小康、张超、葛杰、闫晓雷、杨涛春、范昕、金华健、陈玲珠、蒋彬辉、李六连、李天际、刘青、韩君、王震等。在这里，我要特别感谢对本书试验工作作出巨大贡献的闫晓雷师弟、崔岘师弟和刘方晓学弟，正是有了你们的付出，烦琐的试验任务才能得以顺利完成！

此外，还要感谢上海蓝科钢结构技术开发有限责任公司为我提供了编程工作的实践机会与技术支持，让我形成了良好的代码书写习惯，为攻读博士学位期间相关工作打下基础！感谢该公司宫海博士、胡大柱博士，软件部朱璟明、谭帅和梁茜的指导与帮助！

最后，还要特别感谢家人的支持与鼓励！父母一直以来都积极地支持我继续攻读博士学位，为我提供了良好的学习与生活条件，使我能专心于学习和研究。妻子的理解与鼓励是我前进的动力，家庭的幸福与温暖让我每一天都充满斗志。

王彦博